Wolfgang Peter-Michel

HOBBY MESSERMACHEN

11 einfache Projekte für Einsteiger

WIELAND

Wolfgang Peter-Michel

Hobby Messermachen

11 einfache Projekte für Einsteiger

1. Auflage, 2024

ISBN 978-3-948264-27-7

Wieland Verlag GmbH, Rosenheimer Straße 22, D-83043 Bad Aibling
Telefon 08061/38998-0, Fax 08061/38998-20
www.wieland-verlag.com
service@wieland-verlag.com

Umschlaggestaltung und Layout: Caroline Wydeau

Lektorat: Birgit Arnold
Schlussredaktion: Karola Wieland

Druck: Print Consult

Printed in EU

MIX
Papier | Fördert gute Waldnutzung
FSC® C106855

INHALT

VORWORT

Im MESSER MAGAZIN haben Bastel-Anleitungen für Hobby-Messermacher schon lange ihren festen Platz. Seit Jahren ist kaum ein Heft erschienen, das nicht wertvolle Tipps für Amateure und auch Profis im Custom-Knifemaking enthielt. Aus den zahlreichen Zuschriften, die zu den Workshop-Artikeln eingehen, können wir ersehen, dass das Messerbastel-Hobby unter unseren Lesern boomt. Aus Lob und besonders auch aus Kritik lernen wir, was die Messermacher interessiert.

Damit das ganze Fachwissen, das wir auf diesem Weg über die Jahre generiert und weitergegeben haben, nicht mit den vergangenen Ausgaben dieser Zeitschrift in Vergessenheit gerät, haben wir uns entschieden, einen Teil davon in Buchform zu bringen und erneut zugänglich zu machen. Denn nicht jeder Interessierte kauft das Magazin seit Jahren lückenlos und verwahrt die Hefte dann jahrgangsweise gebunden in seinem Bücherregal. Allzu schnell geht eine Ausgabe verloren oder wird verliehen und nicht zurückgegeben. Viele Leser haben uns in ihren Zuschriften signalisiert, dass sie gerne über einen Ratgeber für Hobby-Messermacher verfügen würden, in dem sie jederzeit ganz gezielt bestimmte Inhalte nachschlagen können – diesem Wunsch wollen wir mit diesem Buch entsprechen.

Wolfgang Peter-Michel

EINLEITUNG

Ein Messer selber bauen? Warum das denn? Es gibt doch heutzutage jede Art von Messer fast in jeder Preislage zu kaufen! Die Fragen sind natürlich berechtigt, denn in den vergangenen Jahrzehnten ist das Angebot an brauchbaren Messern für Outdoor und Freizeit so sehr gewachsen, dass gut sortierte Messerhändler nahezu jeden Wunsch durch einen Griff ins Regal befriedigen können.

Aber oft sind es Kleinigkeiten, die den Besitzer eines Messers mit ihrem Stück hadern lassen. Zwar kann beispielsweise ein Messer im Grunde perfekt sein, aber die Griffschalen bestehen aus Kunststoff, und in Thuja- oder Rosenholz beschalt wäre es für den jeweiligen Nutzer noch perfekter. Oder der vom Opa geerbte Nicker mit Hirschhorngriff ist hochgeschätzt, aber so abgenutzt, dass er dringend mal restauriert werden müsste. Oder von Kindesbeinen an träumt jemand von dem Messer eines ganz bestimmten Filmhelden – und genau das gibt es im Laden so nicht zu kaufen.

Die Gründe für den Wunsch, ein Messer selbst zu bauen oder ein vorhandenes zu verändern, können vielfältig sein. Doch sei darüber hinaus auch darauf hingewiesen, dass es eine tolle Erfahrung ist, mit einem selbst gebauten Messer zum ersten Mal etwas zu schneiden. Das kann bedeuten, der Liebsten bei einem Picknick ein Sandwich zuzubereiten, dem Sohn oder der Tochter ein Weidenpfeifchen zu schnitzen oder auf einer Wanderung bei aufkommendem Unwetter eine Schutzhütte zu erbauen. Und, wenn man als Opa das eigene Werk dann einmal an den Enkel weitergibt, wird er es in noch größeren Ehren halten, wenn er weiß, dass der Großvater es einstmals selbst gebaut hat.

Doch wenn Sie dieses Buch jetzt gekauft haben, müssen Sie wahrscheinlich gar nicht mehr dazu überredet werden, ein Messer bauen zu wollen. Dann fühlen Sie sich mit den oben stehenden Worten nur in Ihrem Wunsch bestärkt und dazu angehalten, so bald wie möglich zu beginnen.

Viel Spaß beim Lesen und viel Erfolg beim Bauen!

MESSER-SCHRAUBSTOCK

Wer Messer baut, hat oft ein Problem bei der Bearbeitung des Griffs: In einem herkömmlichen Schraubstock lässt sich das Messer nur in 90-Grad-Schritten drehen. Die Lösung dafür ist ein selbst gebastelter Spezialschraubstock.

Beim Messerbau sollte man den Griff von allen Seiten gleich gut bearbeiten können. Doch im Schraubstock spannt sich die Klinge am besten senkrecht ein – so lassen sich nur Ober- und Unterseite des Griffs gut erreichen. Ist die Schneide einigermaßen robust, kann man die Klinge mit dicken Weichholz-Zulagen auch quer einspannen und erreicht damit die Seiten des Griffs. Stufenlos rundum drehen lässt sich das Messer im herkömmlichen Schraubstock aber nicht.

Eine ganz einfache Lösung besteht darin, die Klinge des Messers innerhalb eines Stahlrohrs zu fixieren. Benötigt wird dafür ein möglichst dickwandiges Stahlrohr, bei dem Innendurchmesser und Länge den Maßen der üblicherweise bearbeiteten Klingen entsprechen. Angepasst an den Innendurchmesser, ist dann noch ein Rundstab aus Hartholz erforderlich, der mittig der Länge nach aufgeschnitten wird, um daraus zwei geeignete Klemmbacken herzustellen. Die nötige Spannung wird über zwei Sterngriffmuttern erzielt.

Das Spannrohr lässt sich schon allein gut verwenden: Dazu wird es in einen herkömmlichen Schraubstock eingespannt und nimmt so in einer beengten Hobbywerkstatt keinen Platz weg. Ist die Werkbank groß genug, um einen weiteren Schraubstock aufzustellen, lässt sich auch recht einfach ein Fuß für das Spannrohr bauen, sodass ein regelrechter Spezialschraubstock entsteht. Zum Selberbauen braucht man kein Schweißgerät.

Zentraler Bestandteil dieses Fußes ist ein größeres Stahlrohr, in das sich das Spannrohr einschieben und per Sterngriffmutter fixieren lässt – so lässt es sich bequem um 360 Grad verstellen. Die Maße unserer verwendeten Rohre sind auf größere Messer ausgelegt. Wenn man nur kleine Messer bauen will, kann man die Konstruktion auch etwas kleiner machen.

MATERIAL UND WERKZEUGE

MATERIAL AUS DEM STAHLHANDEL

1 x Stahlrohr 11/4" (42,4 x 3,25 mm) x 240 mm (Meterware), ca. EUR 10,-
1 x Stahlrohr 11/2" (48,3 x 3,25 mm) x 120 mm (Meterware), ca. EUR 10,-
1 x Stahlplatte 100 x 110 x 3 mm (Zuschnitt), ca. EUR 5,-
2 x Stahlplatte 100 x 100 x 3 mm (Zuschnitt), ca. EUR 5,-

MATERIAL AUS DEM BAUMARKT

2 x Winkelprofil aus Walzstahl 100 x 30 x 30 mm (Meterware), ca. EUR 5,-
1 x Gewindestange M10 x 85 mm (Meterware), ca. EUR 3,-
1 x Rundstab Buche, 150 x 35 mm (Meterware), ca. EUR 12,-
3 x Sterngriffschraube M8 x 30 mm, je ca. EUR 3,-
2 x Sterngriffmutter M10, je ca. EUR 5,-
8 x Gewindeschraube Senkkopf M10 x 20 mm, mit Muttern und Unterlegscheiben, ca. EUR 8,-
1 x Gewindeschraube M6 x 30 mm, ca. EUR 0,50

BENÖTIGTE WERKZEUGE

- Reißnadel
- Stahllineal
- Winkel
- Metallsäge
- Holzsäge
- Feile
- Hammer
- Körner
- Gewindeschneider M6 und M8
- Schraubenschlüssel 13 mm
- Bohrmaschine
- Bohrer 4 mm, 5 mm, 6,8 mm und 10 mm

SCHRITT 1: DAS SPANNROHR

Das Material: Das schmalere Stahlrohr, ein Rundstab aus Hartholz, der mit möglichst wenig Spiel hineinpasst, zwei Sterngriffschrauben und zwei Holzschrauben.

An dem Holzstab wird auf etwa 15 cm Länge in der Mitte eine etwa 6 mm breite Bahn angezeichnet – die maximale Klingenstärke, die später eingespannt werden kann.

Entlang der angezeichneten Linien sägen wir links und rechts ein. Die Sägeschnitte sollten so parallel wie möglich verlaufen, denn ...

... die entstandenen Flächen bilden später die Auflageflächen für die Klinge. Nach dem Sägen werden Endstück und Mittellage entfernt.

Durch das Stahlrohr wird jeweils 2 und 13 cm von der Vorderkante entfernt mittig eine Bohrung von 4 mm Durchmesser ganz durchgebohrt.

Auf der späteren Unterseite des Rohrs senken wir die Bohrungen außen an und fixieren eine Stabhälfte mit zwei Holzschrauben im Rohr – später die untere Spannbacke.

Der Teil der Bohrungen, der auf der späteren Oberseite liegt, wird auf 6,8 mm Durchmesser aufgebohrt. Das entspricht dem Kernloch eines M8-Gewindes.

In die Bohrungen schneiden wir jeweils ein M8-Gewinde.

Mittig zwischen den Gewindebohrungen wird eine einzelne Bohrung von 6 mm Durchmesser für die Führungsschraube gesetzt.

An entsprechender Stelle wird in die obere Spannbacke eine Bohrung von 5 mm Durchmesser angebracht und ein Gewinde M6 eingeschnitten.

Die Backe wird in das Rohr eingeführt und die Führungsschraube von außen eingedreht. So kann sich die Backe quer frei bewegen, aber nicht herausfallen. Damit ist das Spannrohr fertig.

Man kann das fertige Spannrohr einfach in einen normalen Schraubstock einspannen. Um das Messer zu drehen, wird das gesamte Rohr – stufenlos – im Schraubstock umgespannt.

SCHRITT 2: DER STANDFUSS

Der Fuß für den Messerschraubstock wird einfach zusammengeschraubt. Er besteht aus drei Stahlplatten, zwei Winkeln und dem größeren Rohr.

In die Winkel bohren wir jeweils auf ihren beiden Flächen zwei Bohrungen von 10 mm Durchmesser.

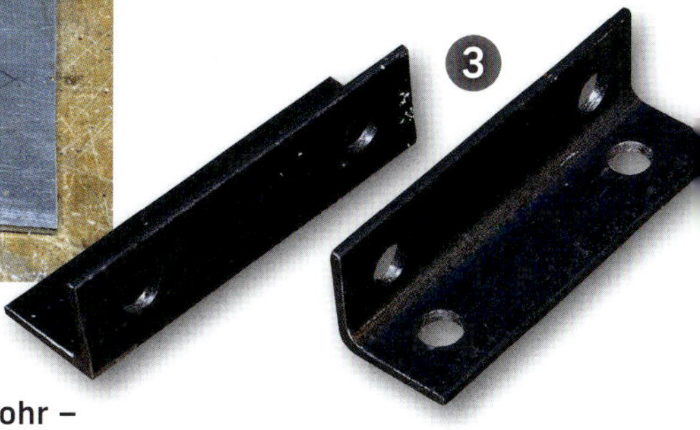

Die beiden Seitenplatten erhalten an einer Kante zwei Bohrungen, die zu den Winkeln passen. Dazu kommt je noch eine 10-mm-Bohrung für das Trägerrohr – die Lage ist abhängig vom Durchmesser des Rohrs.

Die Bodenplatte von 100 x 110 mm erhält an ihren Ecken die gleichen Bohrungen mit den gleichen Abständen – dort werden später die Winkel festgeschraubt.

An der späteren Unterseite der Bodenplatte werden die Bohrungen angesenkt – um die Köpfe der Senkkopfschrauben aufzunehmen.

Das Trägerrohr erhält eine Bohrung von 10 mm Durchmesser für die Schwenkachse sowie ein M8-Gewinde für die Klemmschraube.

Bevor (!) die Winkel mit der Bodenplatte verschraubt werden, müssen die Schrauben für die Seitenplatten eingesteckt werden, ...

... sonst lassen sie sich nicht mehr einsetzen. Nun werden die Seitenplatten mit Muttern und Unterlegscheiben montiert.

Ein 85 mm langer Abschnitt einer Gewindestange M10 wird als Schwenkachse durch Seitenplatten und Trägerrohr geschoben. An den Enden wird je eine Sterngriffmutter aufgesetzt.

Der fertige Schraubstock kann einfach per Schraubzwinge am Arbeitstisch befestigt werden. Unser Modell ist lang genug für 20-cm-Klingen – wer nur kürzere Messer baut, kann die Maße entsprechend anpassen.

RELEASE

DREHEN UND FRÄSEN

Wenn es um einen Maschinenkauf geht, stecken Hobby-Messermacher oft in der Zwickmühle. Denn vernünftige Qualität hat ihren Preis. Dazu kommt meistens Platzmangel und somit auch die Frage, wo man ein weiteres Gerät eigentlich hinstellen soll. Wir zeigen, wie man mit einer normalen Ständerbohrmaschine und einem Winkelschleifer auch Drehen und Fräsen kann.

Gerade Flächen und Schnitte lassen sich mit den gängigen Heimwerker-Maschinen und -Werkzeugen mit einiger Übung leicht erzeugen. Doch wenn ein Messergriff rund gestaltet werden soll, ist das Resultat häufig eher eiförmig oder bucklig als kreisrund. Dann wird der Ruf nach einer Drehbank laut – die aber meist für Heimwerker zu teuer ist. Wie also einen runden Metallknauf erzeugen oder eine Schraube abdrehen?

Wer über eine Ständerbohrmaschine mit Maschinenschraubstock verfügt, kann mit improvisierten Arbeitstechniken erstaunliche Resultate erzielen. Selbstverständlich ist es nicht möglich, Passungen mit einem hundertstel Millimeter Genauigkeit herzustellen. Aber wer Klingen und Griffe freihändig am Bandschleifer bearbeitet, wird – Hand aufs Herz – ebenso wenig derartige Genauigkeiten erreichen. Dennoch kann die improvisierte Drehtechnik ziemlich exakte Rundungen erzeugen, und das mit erheblich geringerem Arbeitsaufwand, als diese komplett freihändig mit der Feile oder am Bandschleifer zu fertigen. So sind auch der exakte Ansatz von Gewindeschneidwerkzeugen, das saubere Ablängen von Rundmaterial und der Einsatz eines Rändelrads möglich.

Wer sich als Aufgabe vorgenommen hat, eine Hohlkehle in eine Klinge zu fräsen oder Aussparungen in einen Skelettgriff zu schneiden, wird sich immer wieder eine Metallfräse mit Kreuztisch wünschen. Doch bezüglich der Schneidleistung kann auch ein Winkelschleifer hier einiges leisten. Ein exakter Schnitt ist damit freihändig zwar ebenso nicht ohne weiteres möglich, und es ist viel Nacharbeit erforderlich. Allerdings gibt es eine recht elegante Möglichkeit, mit dem Winkelschleifer präzise an einem geraden Riss zu schneiden. Wie das alles genau geht, zeigen wir hier.

SCHRAUBEN DREHEN

Die Arbeiten bauen auf denen an einer herkömmlichen Drehbank auf: zum Beispiel den Durchmesser von Rundmaterial verringern oder einen Absatz hineindrehen. Dazu würde ein Profi mit Drehbank einen Drehmeißel in den Halter einsetzen, um das Werkzeug dann über den Support an das sich drehende Werkstück heranzuführen und damit Späne abzuheben. Bei unserer Methode spannen wir eine Flachfeile in den Bohrschraubstock und schieben diesen von Hand an das Werkstück heran, das sich im Bohrfutter der Ständerbohrmaschine dreht. Zwar fehlt bei der Improvisation die Möglichkeit, über die Stellräder den Materialabtrag genau zu kontrollieren. Mit etwas Übung und regelmäßigem Unterbrechen, um das Maß mit der Schieblehre zu kontrollieren, kann man aber auf den Zehntelmillimeter genau arbeiten. Durch diesen „freihändigen Support“ im Bohrschraubstock lassen sich Werkstücke abdrehen, ablängen, Köpfe bestoßen und Oberflächen mit einer Riffelung versehen.

SICHERHEITS-MASSNAHMEN

Das Arbeiten an sich drehenden Wellen ohne Rückschlagsicherung ist nicht ungefährlich. Daher sollten die Werkzeuge, die von Hand an das sich drehende Werkstück geführt werden, grundsätzlich in den Bohrschraubstock eingespannt werden und dieser mit mindestens einem Schraubenbolzen in einem der Langlöcher im Maschinentisch befestigt werden. Die Verschraubung kann so locker gelassen werden, dass sich der Schraubstock gerade noch verschieben und so das Werkzeug an das Werkstück geführt werden kann. So kann die Gefahr durch Rückschläge minimiert werden. Dennoch: Unbedingt Schutzbrille tragen!
Mit entsprechenden Sicherheitsvorkehrungen bleiben Rückschläge meist aus. Etwas kritischer kann es werden, wenn feine Konturen mit einem Drehmeißel nachgestochen werden. Dieser muss so exakt wie möglich auf Höhe der Werkstückachse eingesetzt werden. Liegt man nur minimal darunter, kann sich der Drehmeißel ruckartig tief in das Material einschneiden und die Maschine sogar zum Stillstand bringen. Bei einem solchen „Klemmer“ besteht Verletzungsgefahr. Daher mit dem Drehmeißel immer nur feine Nacharbeiten durchführen und das Werkzeug sauber ansetzen!

VERSCHIEDENE TECHNIKEN

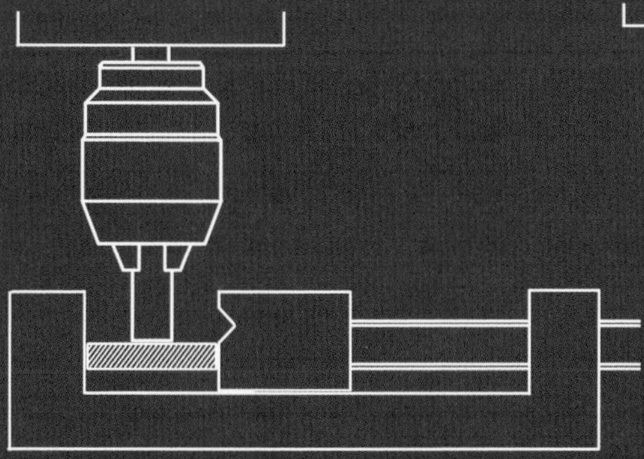

Auf einer eingespannten Feile läßt sich Rundmaterial plan drehen.

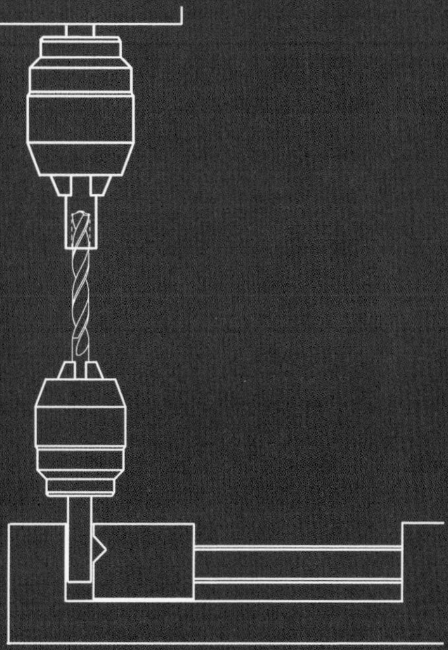

Mit einem in den Bohrschraubstock eingespannten Bohrfutter lässt sich Rundmaterial exakt zentrisch bohren.

Mit der vertikal eingespannten Feile lassen sich Durchmesser reduzieren oder Absätze andrehen.

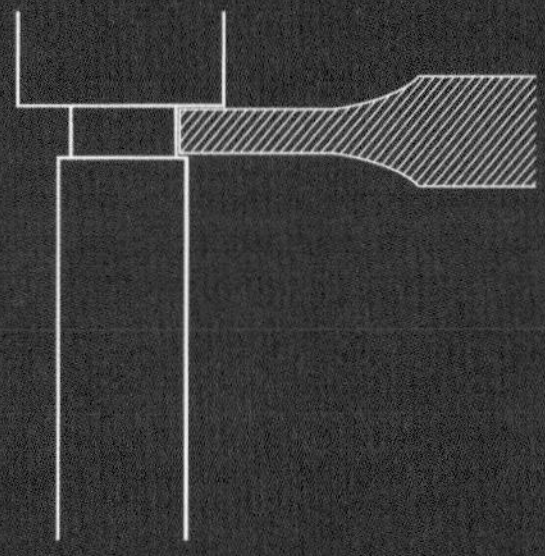

Mit einem improvisierten Drehmeißel kann man Nuten in Rundmaterial stechen oder die Kanten von Absätzen säubern.

LOVELESS-SCHRAUBEN

Für sogenannte Loveless-Schrauben wird Rundmaterial abgelängt. Zum Einspannen müssen ein paar Zentimeter hinzugegeben werden. Die entstandene Fläche wird allerdings nie ganz plan sein.

Gerade Flächen erreicht man, indem der Rundstab in die Ständerbohrmaschine eingespannt und auf eine in den Bohrschraubstock eingespannte Flachfeile abgesenkt wird.

Für feinere Ergebnisse wird Schleifpapier von immer feinerer Körnung auf die Feile aufgelegt. Hier wurde bis Körnung 240 gearbeitet – bei Körnung 1000 erreicht man Spiegelglanz.

Der Rundstab wird wieder in die Bohrmaschine eingespannt, ein zweites Bohrfutter im Maschinenschraubstock fixiert und mit einem Zentrierbohrer eine Bohrung mittig „anzentriert".

Jetzt kann das Kernloch für das Gewinde gebohrt werden, in unserem Fall 3,3 mm für das Gewinde M4.

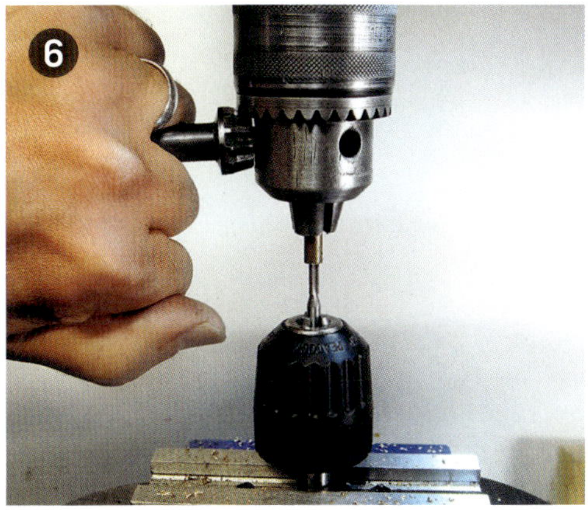

Dann wird ein Gewindebohrer M4 in das untere Bohrfutter eingespannt und die ersten Gänge des Gewindes werden eingeschnitten. Dazu wird das Bohrfutter am besten von Hand mithilfe des Futterschlüssels gedreht.

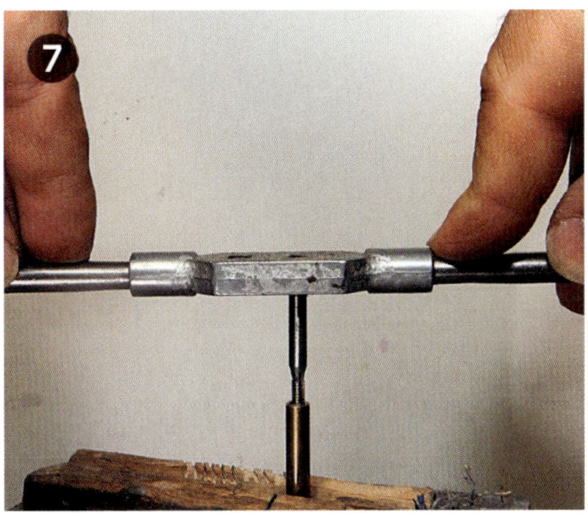

Fertig geschnitten wird das Gewinde von Hand – das vorherige Ausrichten an der Ständerbohrmaschine garantiert, dass das Gewinde exakt in axialer Richtung geschnitten wird.

Damit ist der Rundstab vorbereitet, um Rundmuttern für Loveless- oder Corby-Schrauben daraus zu schneiden.

Dazu wird der Stab wieder in die Ständerbohrmaschine eingespannt und der Schnitt mit einem in den Bohrschraubstock eingespannten Metallsägeblatt geführt. Der Schnitt läuft exakt rechtwinklig.

Bevor die nächste Mutter abgesägt wird, muss der Kopf des Stabs wieder geglättet werden – wie zuvor, indem er auf eine in den Bohrschraubstock eingespannte Flachfeile abgesenkt wird.

Die so entstandene Rundmutter ist ohne große Nacharbeit für den Griffbau verwendbar – hier in Form von Loveless-Schrauben.

CORBY-SCHRAUBEN

Zur Herstellung von Corby-Schrauben wird ein Rundstab in das Futter der Maschine eingespannt und der Bohrschraubstock mit einer eingespannten Flachfeile von Hand dagegen gedrückt.

Die Schulter wird mit einem improvisierten „Drehmeißel" nachgestochen. Wieder wird das Werkzeug in den Maschinenschraubstock eingespannt und dieser von Hand gegen das Werkstück gedrückt.

Unser „Drehmeißel": Ein abgebrochener Bohrer wurde am Schleifbock zunächst stumpf keilförmig zugeschliffen und dann die Schneidfläche nach unten abgeschrägt.

Um den Gewindeschneider exakt in axialer Richtung am Werkstück anzusetzen, eignet sich ein altes Autoventil, das in den Bohrschraubstock eingespannt wird.

Wieder wird das Werkstück auf den Gewindeschneider abgesenkt und das Bohrfutter von Hand mithilfe des Futterschlüssels gedreht.

Auch das Außengewinde wird, nach exaktem Ansatz unter der Ständerbohrmaschine, freihändig fertig geschnitten.

Unser fertig geschnittenes Gewinde sieht perfekt aus!

Dann wird die Schraube am Kopf mit deutlicher Längenzugabe abgeschnitten und ein Schlitz eingefeilt. Hier muss man nicht zu genau arbeiten – der Schlitz wird später beim Formen des Griffs abgeschliffen.

HOHLKEHLE MIT WINKELSCHLEIFER FRÄSEN

Hohlkehlen in Klingen reduzieren das Gewicht und sehen toll aus – aber sie sind auch schwer zu fertigen. Dazu wird das Werkstück in einen Schraubstock eingespannt, dessen Backen zuvor mit Abschnitten eines massiven Winkeleisens abgedeckt worden sind. Das funktioniert nach dem gleichen Prinzip wie ein Magnetbackenschutz. Die obere Kante des Winkeleisens muss exakt entlang der angerissenen Linien des geplanten Schnitts verlaufen.

Wird nun die laufende Schleifscheibe mit ihrer Seitenfläche plan auf die obere Fläche des Winkeleisens aufgelegt und der Schnitt exakt entlang des Winkeleisens geführt, ist ein Abwandern zumindest über den Riss hinaus nahezu unmöglich. Natürlich darf nicht zu viel Druck auf das Winkeleisen ausgeübt werden, damit die Seitenfläche der Schleifscheibe nicht unnötig Material abträgt. Im Normalfall wird sich der Abtrag auf nur einige Zehntelmillimeter beschränken.

Gerade für eingetauchte Schnitte ist diese Technik gut geeignet. Bei kurzen eingetauchten Schnitten in dickes Material besteht aber oft das Problem, dass der Durchmesser der Schleifscheibe zu groß ist, um tief genug schneiden zu können, ohne an den Endpunkten zu weit zu schneiden. Es lohnt sich, stark abgenutzte Schleifscheiben nicht wegzuwerfen, sondern genau für diese Fälle aufzubewahren: Je kleiner der Durchmesser der Schleifscheibe, desto kürzere eingetauchte Schnitte lassen sich damit ausführen.

Sicherheitsmaßnahmen: Auch bei dieser Technik muss mit dem Zurückschlagen der Maschine gerechnet werden. Wer den Winkelschleifer beim Eintauchen in das Material verkantet, muss auch beim freihändigen Arbeiten damit rechnen. Ist zusätzlich noch das Winkeleisen als Seitenanschlag vorhanden, fällt dieser Rückschlag mitunter stärker als erwartet aus. Also sollte auch hier mit der nötigen Vorsicht gearbeitet werden: Die Maschine mit beiden Händen festhalten! Und natürlich darf die Schutzabdeckung über der Schleifscheibe nicht entfernt werden. Das Tragen einer Schutzbrille ist ein Muss!

An dieser Klinge soll beidseitig eine Hohlkehle eingefräst werden. Zunächst wird die Lage mit einem Streichmaß angerissen.

2

Auf die Backen des Schraubstocks werden zwei massive Winkeleisen aufgelegt – besonders das vordere dient als Anschlag für die rotierende Scheibe des Winkelschleifers.

3

Das Werkstück wird zwischen die Winkeleisen gespannt, sodass der untere Riss exakt an der Kante des Eisens anliegt. Dann wird der Winkelschleifer eingeschaltet, fest in beiden Händen gehalten ...

4

... und die Seitenfläche der Trennscheibe ohne Druck auf das Winkeleisen aufgelegt. So kann exakt entlang der Linie geführt werden. Anschließend wird das Werkstück um 180 Grad gedreht und in gleicher Tiefe entlang des oberen Risses eingefräst.

Meist ist etwas Nacharbeit erforderlich: zunächst mit einer flach aufgelegten Rundfeile, dann mit immer feinerem Schleifpapier, das am besten um die Kante eines Holzstücks gewickelt wird.

Die fertiggestellte Hohlkehle.

Ist die Fräsarbeit zufriedenstellend ausgefallen, kann die Klinge auf ihre endgültige Form gebracht und die Schneidflächen angeschliffen werden.

SPANNBRETT

Beim Bau eines Messers müssen die Bohrungen exakt an den gewünschten Stellen sitzen und genau lotrecht verlaufen. Mit einer Ständerbohrmaschine allein kann das eine Herausforderung sein. Zwei einfach gebaute Helferlein verbessern das Ergebnis ganz enorm.

Wer Metalle bohren will, muss sie unter der Bohrmaschine festspannen. Sonst drohen nicht nur Unfälle, sondern auch viel verdorbenes Material. Für Ständerbohrmaschinen ist deshalb ein Maschinenschraubstock essenziell. Doch manche Klingenformen und vor allem die Platinen von Klappmessern lassen sich nicht richtig – oder sogar überhaupt nicht – in einen Schraubstock spannen. Deshalb greifen viele Hobby-Messermacher dann in der Not doch zur Schraubzwinge, um flache Werkstücke behelfsmäßig auf dem Maschinentisch zu fixieren.

Einfacher geht es mit einer selbstgebauten Spannvorrichtung, die für flache Werkstücke geeignet ist. Im Prinzip handelt es sich dabei lediglich um ein Brett, das mit drei oder vier Spannpratzen versehen ist. Ist das Werkstück auf diesem Haltebrett festgeklemmt, wird dieses einfach in den Maschinenschraubstock eingespannt, und das Material kann mit guten Erfolgsaussichten gebohrt werden.

Bei regelmäßigem Gebrauch nagt an dem Spannbrett der Zahn der Zeit, aber es bleibt auch dann über Jahre ein treuer Helfer.

MATERIAL UND WERKZEUGE

MATERIAL AUS DEM BAUMARKT

1 x Multiplex-Sperrholz 200 x 80 x 18 mm, ca. 1,- EUR
1 x Multiplex-Sperrholz 200 x 80 x 9 mm, ca. 1,- EUR
4 x Gewindeschraube M6 x 70, ca. 3,- EUR
4 x Gewindeschraube M6 x 35, ca. 2,- EUR
1 x Vierkant-Baustahl 12 x 12 x 250 mm, ca. 4,- EUR
4 x Schraubenmutter M6, ca. 5,- EUR (75 Stück)
4 x Unterlegscheibe M6, ca. 5,- EUR (150 Stück)

BENÖTIGTE WERKZEUGE

- Reißnadel
- Stahllineal
- Winkel
- Metallsäge
- Holzsäge
- Feile
- Bohrmaschine
- Bohrer 5 mm, 6 mm
- Hammer
- Körner
- Gewindeschneider M6
- Schraubenschlüssel 10 mm

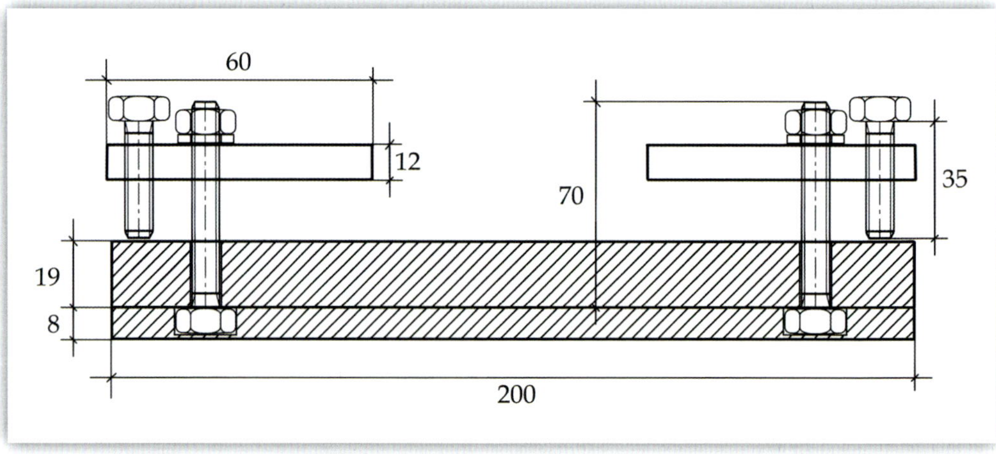

Das Spannbrett dient zur Befestigung von sehr flachen Werkstücken wie zum Beispiel Messerklingen.

Die für die Spannvorrichtung erforderlichen Materialien.

2

An den Stellen, an denen die Spannpratzen positioniert werden sollen, werden 5-mm-Bohrungen angebracht. Der Abstand zur Kante sollte mindestens 20 mm betragen.

In die Bohrungen werden Gewinde M6 eingeschnitten. Das geht am schnellsten mit dem Akkuschrauber.

Dann werden Gewindeschrauben M6 x 70 eingeschraubt. Auf dem letzten Zentimeter wird etwas Klebstoff auf das Gewinde aufgebracht, um die Schrauben dauerhaft im Holz zu fixieren.

Bei Schrauben mit Sechskantkopf wird ein dünnes Sperrholzbrett mit Bohrungen versehen, um die Schraubenköpfe abzudecken. Wer Senkkopfschrauben verwendet hat, kann diesen Arbeitsschritt weglassen.

Anschließend wird die Abdeckung mit Holzleim aufgeleimt.

Die Kanten der beiden Bretter müssen exakt bündig gehobelt werden. Sonst kann das Spannbrett später beim Einspannen in den Maschinenschraubstock verkanten – das Resultat wären schiefe Bohrungen.

Damit ist die Basis der Spannvorrichtung fertiggestellt.

Aus dem Stab werden vier 6 cm lange Stücke geschnitten. An einem Ende wird nach 20 mm ein 6-mm-Loch und nach 7 mm ein 5-mm-Loch gebohrt.

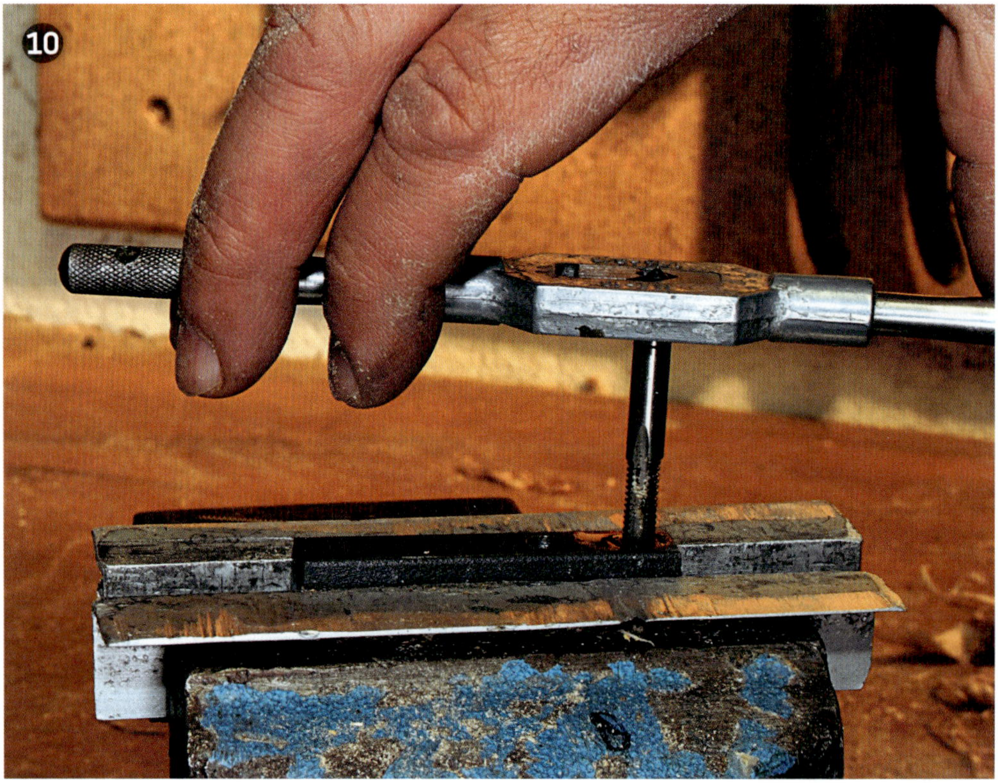

In jedes 5-mm-Loch wird ein Gewinde M6 geschnitten.

Die fertiggestellte Spannpratze mit 6-mm-Bohrung für den Stehbolzen und M6-Gewinde für die Stellschraube.

Spannpratze mit eingesetzter Stellschraube.

Die Spannpratzen werden auf die Stehbolzen M6 aufgeschoben und mit Unterlegscheibe und Mutter gesichert. Damit ist das Spannbrett einsatzbereit.

MIRKA
10
Polarshine

MESSER MIT FLACHANGEL-KLINGE

In den vorangegangenen Kapiteln haben wir den Bau von verschiedenen Spezialwerkzeugen für Hobby-Messermacher beschrieben. Nun zeigen wir, wie man damit aus einer Fertigklinge ein schönes Messer baut.

Sie wissen inzwischen, wie man an der Ständerbohrmaschine einfache Dreharbeiten ausführen kann (Projekt 2) und wie man sich ein Spannbrett für die Bohrmaschine selber baut (Projekt 3). Nun zeigen wir, wie man mit diesen Helferlein ein schönes Messer baut. Um den Einstieg möglichst einfach zu machen, verwenden wir eine fertige Flachangel-Klinge. Natürlich kann man auch fertige Schrauben aus dem Messermacher-Bedarf anstelle der selbst gedrehten aus Projekt 2 verwenden. Als Griffmaterial wählten wir Elforyn Super Tusk, das in der Optik sehr nahe an echtes Elfenbein herankommt. Der Kunstharz-Werkstoff bietet neben der für Elfenbein typischen Maserung und den Wachstumsringen auf der Stirnseite auch die für Elefanten-Stoßzähne typischen „Schreger-Linien".

Verglichen mit Micarta oder G-10 hat Elforyn Super Tusk eine deutlich geringere Oberflächenhärte. Das ist für ein Messer, das normalen Belastungen ausgesetzt wird, kein Problem, denn der Kunststoff besitzt insgesamt gute Festigkeitswerte. Dennoch muss man beim Feinschliff und Polieren daran denken: Wenn man nicht aufpasst, entsteht dadurch besonders an den Übergängen von Metall zu Elforyn viel eher eine unschöne „Stufe".

Wir haben für unser Projekt eine universell einsetzbare Klinge mit Droppoint-Form ausgesucht, die aus rostbeständigem 440C-Stahl besteht. Sie wurde ab Werk bereits mit passend vorgebohrten Aluminium-Stücken für die Backen und den Nieten dazu geliefert. Weil es zum hellen Elforyn-Material aber besser passt, haben wir neue Backen aus Messing angefertigt. Dazu lassen sich sehr gut Messing-Reststücke aus dem Schrott verwenden.

Im Projekt 10 zeigen wir, wie man für das Messer eine Kydex-Scheide macht.

MATERIAL UND WERKZEUGE

MATERIAL AUS DEM FACHHANDEL

1 x Fertigklinge, ab ca. EUR 40,-
(zum Beispiel von www.nordisches-handwerk.de)
1 x Griffmaterial Elforyn Super Tusk 305 x 50 x 8 mm, ca. EUR 30,-
(erhältlich bei www.elforyn.de)
1 x Stück Messing, 100 x 15 x 6 mm, ca. EUR 5,-

MATERIAL FÜR SCHRAUBEN UND NIETE:

2 x Messing-Rundstab 22 x 4 mm (Nietstifte in den Backen)
1 x Messing-Rundstab 50 x 6 mm (Schrauben)
1 x Gewindeschraube M4 x 30 V2A
aus dem Baumarkt – zusammen ca. EUR 15,-

MATERIAL ZUM BEARBEITEN VON ELFORYN:

- Polierpasten fein und mittel, jeweils ca. EUR 20,-
  (zum Beispiel Mirka Polarshine 10 und 35, www.elforyn.de)

BENÖTIGTE WERKZEUGE

- Reißnadel
- Stahllineal
- Winkel/Schmiege
- Metallsäge
- Holzsäge (Feinsäge)
- verschiedene Feilen, grob und fein
- Bohrmaschine
- Bohrer 4 mm, 6 mm
- Hammer
- Körner
- Schraubendreher
- Schraubzwingen
- Leimklammern
- Schleifpapier

Die Fertigklinge wurde mit gut angepassten Backenstücken aus Aluminium samt Stiften mit 4 mm Durchmesser geliefert. Wir fertigen aber neue aus Messing.

2

Zwei gerade Stücke von 6 x 15 x 40 mm Länge werden zurechtgesägt und mit Sekundenkleber aufeinander geklebt.

Als „Paket" bearbeitet, entstehen zwei exakt gleichförmige Teile – an der späteren Vorderkante werden sie rechtwinklig, zur Hinterkante hin schräg zurechtgefeilt.

Mit einem Heißluftföhn werden die beiden Stücke voneinander gelöst. Das erste Stück wird auf der Klinge an der gewünschten Position mit wenig Sekundenkleber fixiert.

Dieses erste Stück wird in unsere selbstgebaute Spannvorrichtung (Projekt 3) eingespannt. Durch die Bohrungen in der Klinge werden zwei 4-mm-Löcher in die Backe gebohrt.

Das zweite Backenstück wird exakt gegenüber dem ersten ausgerichtet und mit Sekundenkleber verklebt. Hier muss mit höchster Genauigkeit gearbeitet werden. Die gebohrte Backe wird von der Klinge entfernt.

Durch die Löcher der Klinge wird dann die zweite Backe gebohrt. Vor dem Einbau sollten die Vorderkanten der Backen poliert werden – später ist das ohne Spuren auf der Klinge nicht mehr möglich. Damit sind die Messingstücke für die Backen fertig.

Zum Vernieten wird der erste Nietstift in der Bohrung platziert und in der anderen ein kürzerer Passstift, der das Verdrehen der Backen beim Vernieten verhindert.

Mit einer Grip-Zange wird das Paket fixiert und der Nietstift von beiden Seiten mit dem Hammer gestaucht. Dann wird der zweite Nietstift eingesetzt und gestaucht.

Die überstehenden Nietköpfe werden plan geschliffen und die Backen an den Umriss der Klinge angepasst.

Nun nimmt man das Winkelmaß der schrägen Hinterkanten auf und überträgt es auf die Vorderkante der Griffschalen. Dazu benutzt man am besten eine verstellbare Schmiege.

Nun werden die Griffschalen an die schräge Hinterkante der Backen angepasst. Der angerissene Winkel wird angefeilt.

Meist ist mehrmaliges Anhalten und Nacharbeiten erforderlich, um eine exakte Passung zu erzielen.

Die erste Griffschale wird mit Epoxidharz aufgesetzt, seitlich mit Schraubzwingen locker vorfixiert und mit einer längeren Zwinge längs in die Schräge der Backe verspannt. Erst danach werden die anderen Zwingen ganz festgezogen.

Nach dem Aushärten des Epoxids wird das Schraubenloch durch das hintere Loch in der Klinge gebohrt. Da die Griffschalen vorne mit den Backen verschrägt sind, reicht eine Schraube hinten aus.

Nun kann die erste Griffschale mit der Feile an den Umriss der Angel angepasst werden.

Dann werden alle zuvor gezeigten Arbeitsschritte zum Anpassen der zweiten Griffschale wiederholt und die zweite Elforyn-Platte mit der Klinge verklebt.

Nach dem Anpassen der Griffschalen an den Umriss der Klinge wird auch bereits deutlich, ob die Passungen sauber gearbeitet wurden.

Durch die zweite Griffschale wird das 4-mm-Loch für die Verschraubung gebohrt. Dann wird die Bohrung von beiden Seiten einige Millimeter tief auf 6 mm aufgebohrt, um Platz für die Muttern zu schaffen.

An der Bohrmaschine wird eine einzelne Loveless-Schraube angefertigt – wie das geht, haben wir in Projekt 2 gezeigt.

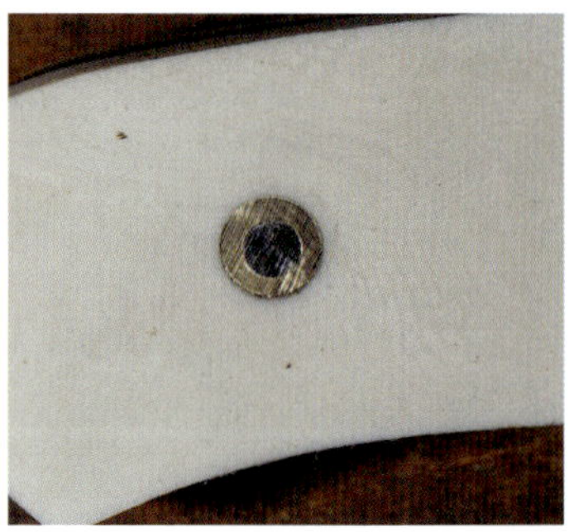

Mit einigen Tropfen Epoxydharz wird die Schraube eingesetzt und sanft festgezogen. Schraube und Muttern müssen auf beiden Seiten leicht überstehen.

Für die Griffschalen wird beidseitig umlaufend eine etwa 3 mm breite Fase im Winkel von etwa 45 Grad angefeilt. Am besten von Hand – der Bandschleifer trägt Elforyn sehr aggressiv ab. Die umlaufende Fase erleichtert später die gleichmäßige Rundung des Griffs.

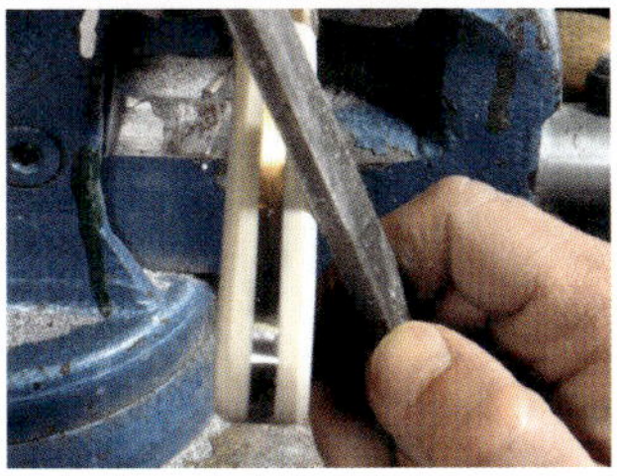

Im nächsten Schritt werden die Kanten der Fase gebrochen und dort jeweils etwa 1,5 mm breite Fasen angebracht. Die Kanten der neuen Fasen werden wiederum gebrochen, und dadurch wird schrittweise die Rundung erzielt. Im Bereich der Fingermulde wird sie etwas steiler ausgeführt.

Für die Riffelung wird eine Riffelfeile angefertigt. Hier sind drei Metallsägeblätter in jeweils 5-mm-Abständen in ein U-Profil eingesetzt.

Mit der Riffelfeile werden schräg über die Oberfläche der Griffschalen fünf parallele Nuten eingeschnitten. Sie dienen als Führung für den Einsatz der Rundfeile.

Dank der Führungsnuten ist es recht einfach, mit der Rundfeile einen gleichmäßigen, halbrunden Querschnitt einzuarbeiten.

27

Abschließend wird der Griff mit Polierpaste an der Filzschwabbelscheibe poliert. Wegen der geringen Oberflächenhärte von Elforyn ist an den Übergängen zum Metall Vorsicht geboten.

28

Beim Polieren zeigt sich der Perfektionsanspruch des Messermachers: Bei uns dürfen noch ein paar feine Kratzer sichtbar bleiben. Andere polieren lieber bis zum Spiegelglanz.

29

Das fertige Messer ist ein echter „Handschmeichler" geworden.

MESSER MIT STECKANGEL-KLINGE

Skandinavische Messer liegen im Trend, und für Hobby-Messermacher werden jede Menge Fertigklingen angeboten. Warum also nicht mal einen Versuch starten? Wer ein paar Tricks und Kniffe kennt, kommt rasch zu einem schönen Ergebnis.

Nachdem wir im letzten Kapitel einen Griff für eine Flachangelklinge gebaut haben, müssen wir bei Steckangel-Klingen umdenken: hier ist eine ganz andere Vorgehensweise gefordert. Und fertige Steckangelmesser sind samt Knauf oft mit einer kleinen Messingscheibe vernietet – ein Arbeitsgang, mit dem nur wenige Hobbybastler schon in Berührung gekommen sind.

Bei Steckangeln hält sich das Gerücht, dass die beste Verbindung mit einem Holzgriff dadurch entsteht, die Angel rotglühend in das Holz zu drücken, damit sie sich einen festen Sitz einbrennt. Wer es so probiert, wird meist mit einem Block verdorbenem Griffmaterial enden. Auch genügt es nicht, einfach ein kreisrundes Loch im größten Durchmesser der rechteckig-konisch geformten Angel in das Material zu bohren und die Klinge durch Zugabe von großen Mengen Epoxidharz am Klappern hindern zu wollen – dies führt nicht zu einer dauerhaften Verbindung. Vielmehr sollte die Verbindung so gestaltet sein, dass sie auch ohne Klebstoffzugabe wackelfrei sitzen würde.

Wir zeigen Schritt für Schritt, wie man für eine Fertigklinge einen schönen Griff aus Micarta macht, also einen Handschutz und eine Knaufplatte fertigt. Dann wird der Griffblock mit einem passenden Loch für die Angel versehen und seine Kontaktflächen werden an den Beschlägen sauber angepasst.

Für die Endmontage, also das Verkleben und Vernieten der Griffteile mit der Angel, zeigen wir zwei Wege: Einmal das Spannen der Griffteile mit Schraubstock und einer handelsüblichen großen Schraubzwinge. Das funktioniert sehr gut, hat jedoch den kleinen Nachteil, dass dieses Vorgehen einiges an Fingerspitzengefühl erfordert und sich das Messer zunächst nur verkleben und erst nach dem Trocknen vernieten lässt.

Wer es komfortabler haben will und möglicherweise öfter ein Steckangelmesser bauen will, dem empfehlen wir, sich ein kleines „Helferlein" zu bauen. Dabei handelt es sich um eine spezielle „Steckangel-Zwinge". Damit ist die Gefahr geringer, etwas zu verkanten, und außerdem lässt sich das Messer auf diese Weise auch bereits „nass" vernieten. Wir zeigen Schritt für Schritt, wie das geht.

MATERIAL UND WERKZEUGE

MATERIAL AUS DEM FACHHANDEL

1 x Messerklinge Nanus 105 mm Carbon, ca. EUR 15,-

1 x Block Canvas-Micarta, 13,0 x 4,0 x 3,5 cm, ca. EUR 20,-
erhältlich bei www.nordisches-handwerk.de

2 x Aluminium 40 x 25 x 5 mm
(als Meterware 40 x 5 mm für ca. EUR 5,-)
erhältlich bei www.technocut.de

MATERIAL AUS DEM BAUMARKT

1 x Buchbinderschraube Messing M3, ca. EUR 0,50

1 x Epoxidharz-Kleber (zum Beispiel: UHU Plus Endfest 300), ca. EUR 10,-

BENÖTIGTE WERKZEUGE

- Reißnadel
- Stahllineal
- Messschieber
- Winkel
- Metallsäge
- Holzsäge (Feinsäge)
- verschiedene Feilen, grob und fein
- Satz Schlüsselfeilen
- Bohrmaschine
- Bohrer 4 mm, 6 mm
- Hammer
- Kugelhammer
- Körner
- Schraubendreher
- Schraubzwingen
- Leimklammern
- große Spiralfeder
- Bandschleifer (falls vorhanden)

SCHRITT 1: KLINGE VORBEREITEN

Skandinavische Klingen werden oft mit verzunderten Seitenflächen geliefert – das kann man so lassen, jedoch sollte man bei Carbonstahl beachten, dass die raue Oberfläche schneller rostet. Aus diesem Grund entfernen wir hier die Zunderschicht.

Wir beginnen mit Schleifpapier der Körnung 120 und arbeiten uns über 240, 400, 600, 800 bis 1000 vor. Bearbeitet wird nur der Spiegel, denn die hohl geschliffene Sekundärfase lässt sich von Hand nur mühsam bearbeiten. Außerdem entsteht so ein schönes Two-Tone-Finish.

Die Nanus-Klinge ist auf den Flachseiten noch leicht verzundert. Wer rustikale Optik möchte, lässt es so.

1

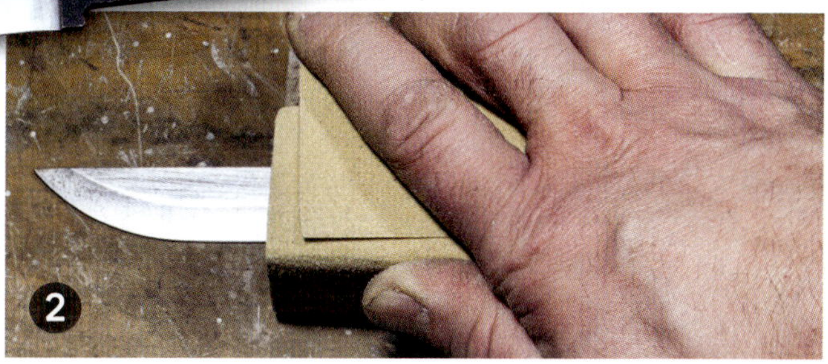

Für die Satinierung wird die Fläche in Längsrichtung mit immer feiner werdendem Schleifpapier bearbeitet.

2

3

Der Hohlschliff bleibt unbearbeitet. Dadurch entsteht ein hübscher Kontrast – ein Two-Tone-Finish.

SCHRITT 2: DER HANDSCHUTZ

Das Anpassen des Handschutzes stellt bei Steckangelklingen die größte Herausforderung an das handwerkliche Können dar: Die Passung an der Klingenwurzel verzeiht keine Fehler, und schon ein einziger Feilstrich zu viel kann einen unschönen Spalt erzeugen. Aber nur Übung macht den Meister. Und wenn man einmal die Werke der „ganz Großen“ kritisch überprüft: Auch frühe Randall-Messer sind hier nicht unbedingt ein Ruhmesblatt.

Wir nehmen uns die Zeit, die Angel an der entsprechenden Stelle genau auszumessen, die Maße sauber auf den Rohling zu übertragen und besonders beim abschließenden Bearbeiten nur mit Bedacht Material zu entfernen. Das bedeutet, auf keinen Fall über die Markierung zu kommen – sei es beim Bohren oder danach beim Feilen. Auch kann der Querschnitt der Angel unregelmäßig geformt sein. Dies muss man vorher prüfen und im Hinterkopf behalten.

Aus Aluminium-Flachmaterial schneiden wir zwei kurze Stücke für Handschutz und Knauf zurecht.

Für den Handschutz markieren wir auf einem Stück den Mittelpunkt in der Kreuzung der Diagonalen und dann durch den Mittelpunkt in Längsrichtung die Mittelachse.

Nun messen wir die Stärke der Angel und übertragen sie mit parallelen Linien links und rechts der Mittelachse.

4

Die Höhe der Angel wird an der Klingenwurzel (!) gemessen und auf das Aluminium übertragen.

5

Damit ist die Öffnung fertig angerissen, wie der Fachmann sagt.

6

Die Sichtseite wird fein geschliffen und auch an der Filzschwabbel poliert. Dafür verwendet man natürlich nicht die markierte Seite.

Auf der Mittelachse werden einige Bohrungen angekörnt und gebohrt. Der Bohrer sollte etwas dünner als die Stärke der Angel sein. Zwischen den Löchern sollten dünne Stege stehenbleiben, damit der Bohrer nicht verrutscht.

Mit einer runden Schlüsselfeile werden die Stege entfernt, mit einer flachen Schlüsselfeile wird weitergearbeitet. Man darf über die Markierung hinweg kein Material wegnehmen – dies wäre später als hässlicher Spalt sichtbar.

Nun macht sich die Sichtseite bezahlt: In ihr spiegelt sich die Feile. Achtet man darauf, dass das Werkzeug beim Arbeiten immer in einer geraden Linie zu seinem Spiegelbild steht, bewegt es sich immer im rechten Winkel zur Oberfläche.

Die fertige Öffnung. Achtung: Nicht immer ist die Angel exakt rechtwinklig. Also darf man nicht überall bis an die Markierung arbeiten – immer wieder die Angel einstecken und langsam herantasten!

Zum Verkleben des Handschutzes mit der Angel empfiehlt es sich, eine starke Spiralfeder zu Hilfe zu nehmen. Ihr Innendurchmesser muss groß genug sein, damit die Angel ohne zu klemmen hindurch passt.

Zwischen Angel und Handschutz wird satt Epoxidharz gegeben. Dann wird der Schraubstock einige Millimeter weit geöffnet und die Angel gegen den Federdruck hineingeschoben. Wenn sie mit deutlicher Spannung am Handschutz anliegt, wird der Schraubstock fest geschlossen.

Nun wird der Sitz mit dem Winkel überprüft und bei Bedarf korrigiert. Die Klinge verbleibt mit Stichschutz bis zum Trocknen des Klebers im Schraubstock. Beim Öffnen die Klinge am Stichschutz festhalten – sonst springt sie nach oben!

SCHRITT 3: DER GRIFF

Nun bearbeiten wir den Griffblock. Dabei ist die besondere Herausforderung, ein passgenaues Loch für die Angel anzubringen. Wieder geht es darum, das im Griffblock gewünschte Loch sauber zu markieren, so weit wie möglich vorzubohren und dann mit Handwerkzeugen herauszuarbeiten. Ziel ist, dass die Angel auch ohne Klebstoff weitgehend spielfrei im Griffblock sitzen würde. Das Kunstharz bietet zusätzliche Sicherheit, aber der Griff sollte theoretisch auch ohne funktionieren.

Der Micarta-Block wird so zurechtgesägt, dass die Angel bei aufgelegter Knaufplatte noch mindestens 5 mm hinausragt.

Auf einer Seite wird die Mittelachse markiert, die Angel mittig aufgelegt und ihr Umriss übertragen. An beiden (!) Enden wird die Mitte markiert und der dort jeweils anliegende Querschnitt der Angel angezeichnet.

Nun wird die Öffnung der Angel vorgebohrt. Dazu wird der Block exakt lotrecht in den Bohrschraubstock eingespannt und mittig ein Loch in der Stärke der Angel gebohrt.

Der Winkel wird links an der markierten Schräge angelegt und der Block so eingespannt. Nun wird schräg gebohrt, bis der Bohrer auf das zuvor gebohrte Mittelloch trifft.

Auf der rechten Seite wird genauso verfahren: der Block mithilfe des Winkels entlang der angerissenen Angel ausgerichtet und dann schräg gebohrt.

Dann werden die Stege zwischen den Bohrlöchern mit einer runden Schlüsselfeile entfernt.

7

Man kann auch ein Stichsägeblatt in ein Feilenheft einsetzen. Dieses selbstgebastelte Werkzeug erleichtert das Arbeiten in dem trichterförmigen Loch für die Angel erheblich.

8

Sind die Stege auf der gesamten Länge entfernt, wird das Loch mit der flachen Schlüsselfeile auf einen rechteckigen Querschnitt erweitert. Diese Arbeit ist sehr mühsam.

9

Von der Knaufseite wird nur ein einzelnes Loch mittig gebohrt. Dieses wird dann mit einer Vierkant-Schlüsselfeile nach innen trichterförmig erweitert.

10

Es ist ein sehr glückseliger Moment, wenn sich die Angel endlich komplett durch den Griffblock schieben lässt, bis er am Handschutz anliegt.

11

Der Block wird auf die Angel aufgeschoben und die Passung am Handschutz überprüft. Die Stellen, die noch begradigt werden müssen, werden markiert und ...

... mit einer scharfen Feile abgetragen. Nicht kippeln, sonst wird die Fläche immer runder! Das Anpassen muss meist ein paar Mal wiederholt werden.

Ist die Passung am Handschutz okay, wird die Knaufplatte mittig durchbohrt. Das Loch wird mit Schlüsselfeilen oval erweitert, bis sich die Platte stramm auf die Angel aufschieben lässt.

Die Griffteile sind für die Endmontage bereit. Sie werden noch markiert, damit sie nicht verdreht montiert werden und dadurch dann die Passungen nicht mehr stimmen.

SCHRITT 4: DIE MONTAGE

Wer sich einen Gefallen tun will, verwendet hier ein langsam abbindendes Epoxidharz – und gewinnt dadurch mehr Zeit, die Teile sauber zusammenzusetzen. In jedem Baumarkt sind geeignete Zwei-Komponenten-Kleber zu finden. Wir haben für dieses Projekt „UHU Plus Endfest 300“ verwendet und sind mit dem Ergebnis sehr zufrieden.

Wir haben den Griff erst verklebt und dann nach dem Aushärten vernietet. In der Praxis gestaltet es sich schwierig, die Griffteile exakt aufeinander ausgerichtet zu pressen und gleichzeitig zu vernieten, während der Klebstoff noch flüssig ist. Beim Vernieten ohne Pressen werden die Teile weit weniger dicht zusammengefügt, da die Vernietung allein nicht den gleichen Druck wie eine Schraubzwinge erzeugt. Dieses Problem lässt sich nur mit einer selbst gebauten Zwinge umgehen (ab Seite 68).

So wird die abgeklebte Klinge in den Schraubstock gespannt: Zum Schutz vor Kratzern wird ein Backenschutz – hier Aluminium – verwendet, und unter die Klingenspitze werden zwei Lagen Sperrholz gelegt.

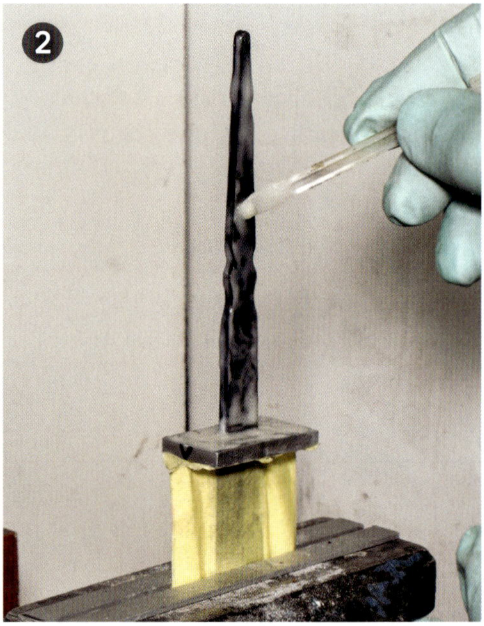

Alle Klebeflächen werden mit Aceton gereinigt und entfettet. Angel und Innenseite des Handschutzes werden dünn mit Epoxidharz eingestrichen.
Tipp: Zum Anrühren von größeren Mengen eignet sich eine längs aufgeschnittene Shampooflasche.

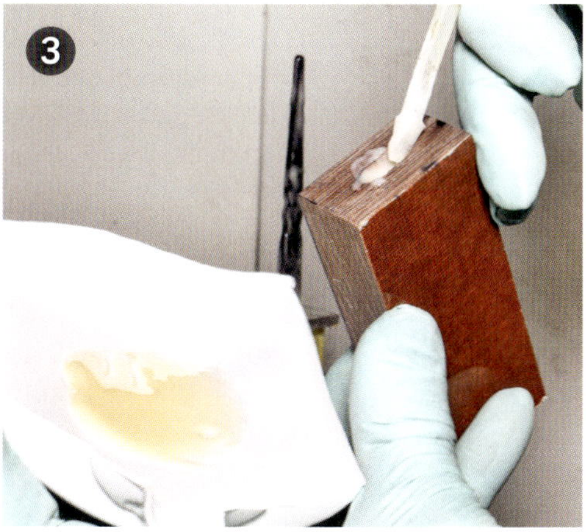

Das Loch im Griffblock wird von seinem breiteren Ende aus bis zur Hälfte mit Epoxid gefüllt. Immer einen dicken Tropfen auf die Öffnung drücken und warten, bis dieser ein Stück weit hineingeflossen ist – dann den nächsten Tropfen aufsetzen.

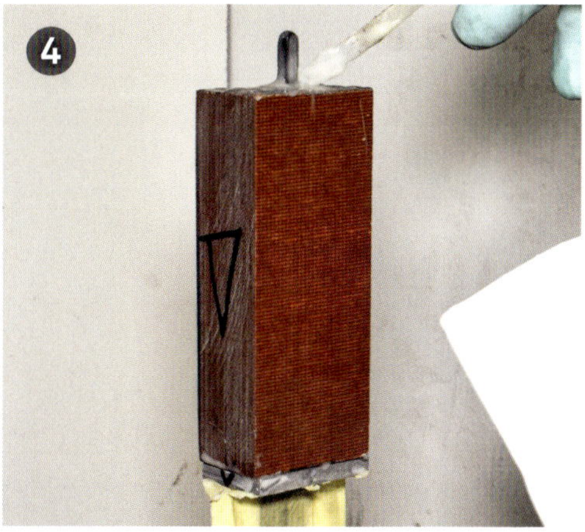

Dann den Griffblock auf die Angel aufschieben. Auf halbem Weg sanft hin und her schieben, damit sich der Kleber verteilt. Herausgedrückten Kleber von oben wieder hineinträufeln, bis das Loch ganz gefüllt ist. Dann wird die Knaufplatte aufgesetzt.

Um den Griff trotz herausstehender Angel pressen zu können, wird ein kurzer Abschnitt eines dickwandigen Stahlrohrs aufgesetzt. Achtung: Es darf sich kein Kleber zwischen Rohr und Knaufplatte befinden!

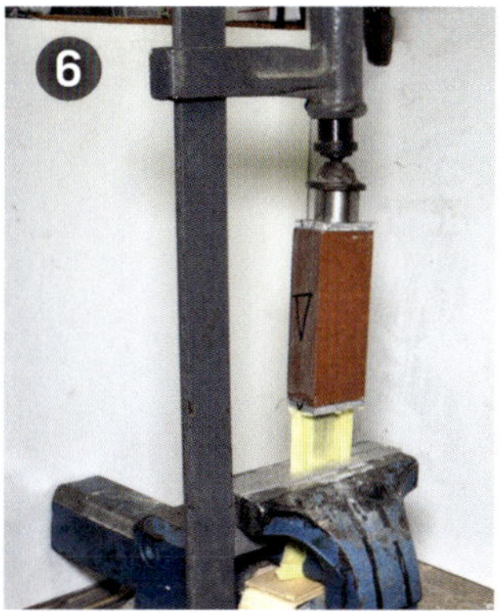

Nun wird eine lange Schraubzwinge angesetzt, um die Griffteile fest zusammenzufügen. Sie wird erst nach dem vollständigen Aushärten des Klebers entfernt.

Nach dem Trocknen wird die Zwinge weggenommen und ausgetretener Kleber mit einem scharfen Messer entfernt: Nach dem Vernieten soll die Nietscheibe plan auf der Knaufplatte anliegen.

Für die Nietscheibe verwenden wir eine Buchbinderschraube M3 aus Messing. Durch die Gewindetülle als Führung wird die Schraube auf die Stärke der Angel aufgebohrt.

Mit einer runden und einer Vierkant-Schlüsselfeile wird die Bohrung oval erweitert, bis sie sich gerade noch nicht von Hand auf die Angel aufschieben lässt.

10

Zum Auftreiben der Nietscheibe ist ein dickwandiges Stahlrohr erforderlich, zum Beispiel eine Gewindemuffe. Nach ein paar gefühlvollen Schlägen mit dem Hammer sitzt die Nietscheibe in Position.

11

Nun wird die Angel gekürzt, bis sie nur noch etwa 1,5 mm heraussteht. Durch leichte, federnde Schläge mit dem Kugelhammer wird sie gestaucht – so lange, bis sie sich ausdehnt und möglichst plan mit der Nietscheibe ist.

SCHRITT 5: DAS FINISH

Nun können wir die gewünschte Griffkontur ausarbeiten. Während erfahrene Profis freihändig und nach Gefühl arbeiten können, ist für Einsteiger ein methodisches Vorgehen angeraten:

Jeden Materialabtrag gründlich planen und immer wieder Hilfslinien anzeichnen. Man kann auch den Griff komplett mit Permanentmarker einfärben, um besser zu sehen, wo bereits Material entfernt wurde und so eine bestmögliche Symmetrie zu erzeugen. Ist die Form dann okay, erfolgt der Feinschliff mit verschiedenen Körnungen – und wenn gewünscht auch noch eine Politur an der Filzschwabbelscheibe.

1

Die Kontur wird seitlich markiert und dann mit der Bügelsäge grob zugeschnitten ...

2

... und idealerweise am Bandschleifer ausgeformt. Mit einem 25-Euro-Gerät vom Discounter erzielten wir gute Ergebnisse. Massives Micarta nur mit der Feile zu bearbeiten ist wirklich extrem schweißtreibend.

Die Kanten werden im 45-Grad-Winkel gebrochen. Es ist sinnvoll, den Griff zwischenzeitlich komplett mit Markierstift einzufärben, um den Überblick über die einzelnen Schritte zu behalten.

Wieder werden die Kanten gebrochen. Spätestens ab jetzt sollten Einsteiger auf den Bandschleifer verzichten und mit der Feile weiterarbeiten.

Wird immer weiter Kante nach Kante abgeschliffen, nähert sich der Griff schließlich einem rund-ovalen Querschnitt an.

Jetzt arbeiten wir mit Schleifpapier: Ab 80er-Körnung schrittweise immer feiner. Zwischendurch wird an Knauf und Handschutz überprüft, ob die Rundung gleichmäßig und symmetrisch verläuft.

Sind alle Kratzer und Unebenheiten beseitigt, nähert sich das Messer der Fertigstellung.

Die abschließende Politur erfolgt an der Filzschwabbelscheibe – damit verwandelt sich der Griff endgültig in einen echten Handschmeichler.

ALTERNATIV: MONTAGE MIT SELBST GEBAUTER STECKANGEL-ZWINGE

Verglichen mit einer normalen Schraubzwinge hat diese Konstruktion den Vorteil, dass sie das Messer viel stabiler einspannt und die Gefahr erheblich geringer ist, dass der Griff am Ende schief auf der Angel sitzt.

Über die zwei Gewindestangen lässt sich der Anpressdruck genau regulieren, um seitlichen Verzug in zwei Richtungen auszugleichen. Zur „offenen“ Seite der Zwinge hin lässt sich etwaiger Verzug durch beherzten Druck mit der Hand ausgleichen.

Das Material für unsere Steckangel-Zwinge ist für wenige Euro in jedem Baumarkt erhältlich. Die benötigten kleinen Brettchen aus Multiplex-Sperrholz kann der dortige Zuschnittservice für kleines Geld millimetergenau zuschneiden.

MATERIAL UND WERKZEUGE

MATERIAL AUS DEM BAUMARKT

3 x Multiplex 150 x 100 x 18 mm, ca. EUR 5,-
2 x Gewindestange M8 x 350 mm, als Meterware, ca. EUR 2,-
6 x Schraubenmuttern M8 (20er-Packung), ca. EUR 3,-
2 x Unterlegscheiben M8 (20er-Packung), ca. EUR 1,-
4 x Karosseriescheiben M8, ca. EUR 2,-
1 x Flachverbinder 150 x 60 mm, ca. EUR 2,-
2 x Schlossschrauben M8 x 65 mm, ca. EUR 2,-

BENÖTIGTE WERKZEUGE

- Reißnadel
- Stahllineal
- Messschieber
- Winkel
- Metallsäge
- Holzsäge (Feinsäge)
- Satz Schlüsselfeilen
- Bohrmaschine
- Bohrer 8 mm, 35 mm
- Hammer
- Kugelhammer
- Körner
- Schraubendreher
- Schraubzwingen
- Leimklammern
- große Spiralfeder
- versch. Feilen, grob und fein

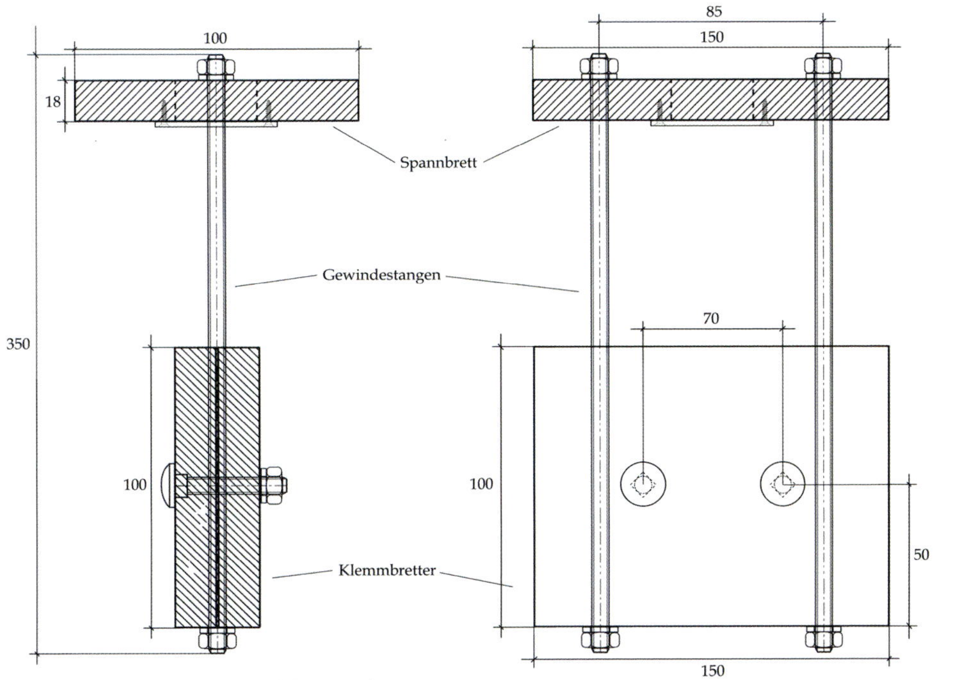

Alle Maße lassen sich an persönliche Wünsche anpassen.

Aus 18 mm starkem Multiplex-Sperrholz werden drei Brettchen in den Maßen 150 x 100 mm zugesägt.

Zwei davon werden übereinander gespannt und auf der Mittellinie im Abstand von 70 mm zwei Bohrungen von 8 mm angebracht. Mit zwei Schlossschrauben M8 x 65 mm werden die Brettchen verschraubt.

In die verschraubten Brettchen werden zwei 8-mm-Bohrungen im Abstand von 85 mm exakt in die Fuge gebohrt. Das geht am besten an einer Ständerbohrmaschine.

Die Bohrungen werden ganz hindurch gebohrt und sollten genau in der Mitte der Fuge wieder herauskommen. Wird der Block geöffnet, müssen sie wie je zwei Rinnen mit gleichmäßig halbkreisförmigem Querschnitt wirken.

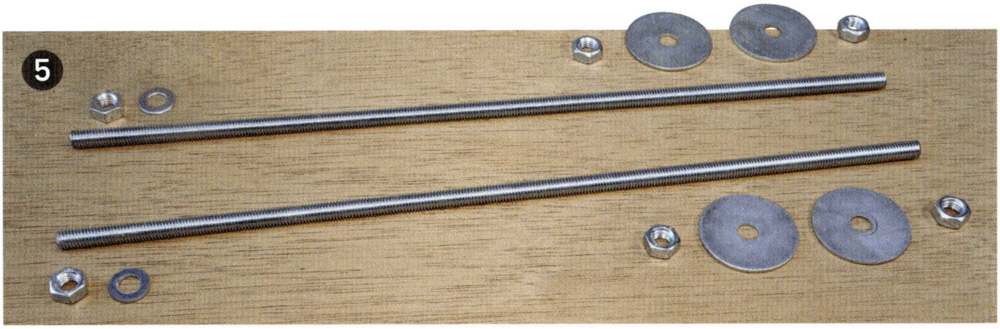

Zwei 350 mm lange Gewindestangen M8 werden zurechtgeschnitten. Zusätzlich sind sechs passende Schraubenmuttern, vier Karosseriescheiben und zwei Unterlegscheiben erforderlich.

Die Gewindestangen werden durch den verschraubten Block geführt und mit den Karosseriescheiben und Schraubenmuttern fixiert. Damit ist der untere Teil der Zwinge fertig.

Die Bohrungen durch die Fuge des unteren Blocks werden mittig auf das dritte Brettchen übertragen und in 8 mm gebohrt. Genau in der Mitte wird noch eine 35-mm-Bohrung angebracht.

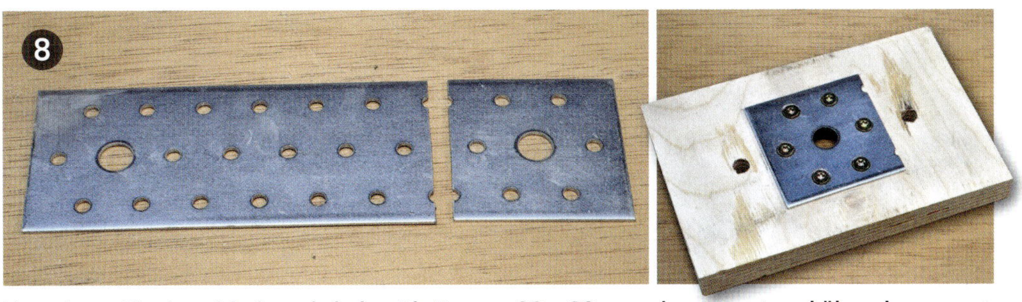

Von einem Flachverbinder wird eine Platte von 60 x 60 mm abgetrennt und über der 35-mm-Bohrung angeschraubt. Hier war in der Mitte bereits eine Bohrung von 12 mm vorhanden – bei anderen Fabrikaten muss sie eventuell selbst angebracht werden.

Zum Schluss werden die Flächen, an denen das Messer beim Einspannen anliegt, mit altem Fahrradschlauch beklebt. So kann man Kratzer vermeiden.

Die Klinge wird zwischen den Brettern fest eingespannt und kommt dann in den Schraubstock. Anschließend werden die Gewindestangen fixiert und die Griffteile mit reichlich Epoxidharz auf die Angel geschoben. Zuletzt wird das Brett aufgesetzt und mit den Schraubenmuttern festgespannt.

Durch die Öffnung im Brett ist das obere Ende der Angel zugänglich. So kann man das Messer vor Abbinden des Klebstoffs vernieten. Achtung: Nach dem Hämmern der Nietscheibe die Zwinge für maximalen Anpressdruck noch einmal nachspannen!

Mit solch einer selbst gebauten Spannvorrichtung lässt sich ein Steckangelgriff viel einfacher montieren.

MESSER MIT HIDDEN-TANG-KLINGE

Manche Messer sehen besser aus, wenn die Angel komplett vom Griff umschlossen ist – ein Hidden Tang. Wer es besonders stabil haben will, sichert diese Verbindung mit Stiften – doch hier fängt das Problem an: Wie trifft man beim Bohren genau das Loch in der Angel?

Bei vielen Messern mit versteckter Angel ist der Griff nur verklebt. Und manchmal ist die Angel auch noch ziemlich kurz und in eine viel zu große Öffnung im Griffmaterial eingebettet – dank der spaltüberbrückenden Wirkung von Epoxidharz. In dem Fall sind dann mehrere Millimeter Kunstharz der einzige Garant für den dauerhaft festen Sitz der Klinge im Griff. So sollte die versteckte Angel – neudeutsch Hidden Tang – allerdings nicht ausgeführt werden, denn es ist durchaus möglich, die Konstruktion wirklich stabil zu gestalten. Zu diesem Zweck sollte die Verbindung jedoch mindestens einmal mit dem Griff verstiftet sein.

Viele Messerbastler schrecken vor genau diesem Schritt zurück, denn man muss nach dem Einbetten der Angel in das Griffmaterial von der Seite ein Loch bohren – und dabei nahezu blind die vorhandenen Bohrungen in der Angel treffen. Doch diese ist meistens gehärtet. Deshalb lässt sich nicht ohne weiteres ein neues Loch bohren. Sicherlich lassen sich durch exaktes Messen und sauberes Anreißen die Chancen erhöhen, doch gerade Einsteiger und Neulinge im Messerbau haben oft genau an dieser Stelle Schwierigkeiten. Mit einem kleinen Trick kann man das Problem aber lösen …

Bei Hidden-Tang-Konstruktionen, die zusätzlich verstiftet sind, besteht die Kunst darin, beim Durchbohren des Griffs die Löcher in der Angel zu treffen.

MATERIAL UND WERKZEUGE

MATERIAL AUS DEM FACHHANDEL

1 x Messergriff-Block Bocote, 30 x 40 x 120 mm, ca. EUR 15,-
1 x Vulkanfiber 0,5 mm, 125 x 200 mm, ca. EUR 7,-
erhältlich bei www.schmiedeglut.de

MATERIAL AUS DEM BAUMARKT

1 x Flachstange Messing, 1,5 x 20 x 1000 mm, ca. EUR 7,-
1 x Flachstange Edelstahl, 1 x 20 x 1000 mm, ca. EUR 10,-
1 x UHU Plus Endfest 2-K-Epoxidkleber Doppelkammer-Spritze 25 g, ca. EUR 12,-

BENÖTIGTE WERKZEUGE

- Bohrer
- Feilen
- Ballhammer
- Laubsäge
- Steckangel-Zwinge
- Schleifpapier
- Schwabbelscheibe
- Leimklammern
- Satz Schlüsselfeilen
- Bohrmaschine
- schmale Stechbeitel

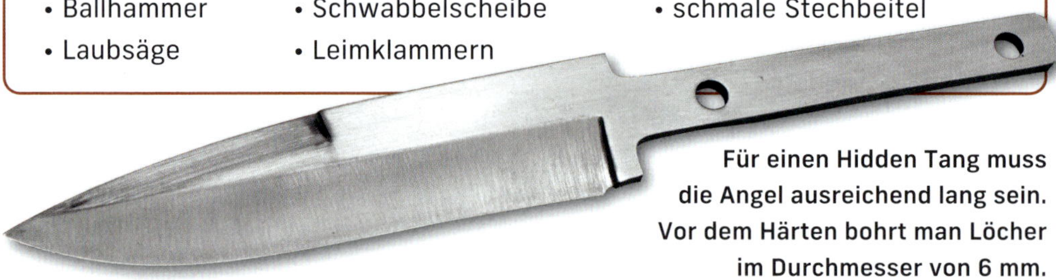

Für einen Hidden Tang muss die Angel ausreichend lang sein. Vor dem Härten bohrt man Löcher im Durchmesser von 6 mm.

SCHRITT 1: DER HANDSCHUTZ

Wie bei einem Steckangelmesser ist es zunächst erforderlich, einen passenden Handschutz an die Wurzel der Angel anzupassen. Wie das geht, haben wir im Projekt 5 eingehend beschrieben. Im Fall des vorliegenden Messerprojekts schieben wir zwischen Handschutz und Griffholz noch einige Zwischenlagen auf, um in verschiedenfarbigen Streifen den Handschutz optisch abzusetzen. Den Handschutz selbst verlöten wir wie in Projekt 5 beschrieben. Nachdem auch die Zwischenlagen mit dem Handschutz verklebt sind, lässt sich die endgültige Länge der Angel und damit auch die Lage der Bohrungen im Griff abmessen.

Der Handschutz wird aus Messing-Flachmaterial gefertigt. Die Öffnung für die Angel wird angerissen, auf der Mittellinie wird die Lage von drei Bohrungen angekörnt.

Die Bohrungen werden mit einer runden Schlüsselfeile verbunden. Dann wird mit einer Flach- und einer Vierkant-Schlüsselfeile die rechteckige Öffnung bis an die Markierung gearbeitet.

Wichtig: An den Längsseiten genau arbeiten und um keinen Zehntelmillimeter über die Markierung hinausgehen und die kurzen Seiten leicht anschrägen, um die Rundungen an der Wurzel der Angel aufzunehmen.

Ist die Passung zufriedenstellend, wird der Handschutz an seinem Sitz an der Klingenwurzel weich verlötet.

Hinter dem Handschutz sollen Zwischenlagen aus Glasfiber, Messing und Edelstahl folgen. Sie werden wie der Handschutz gefertigt.

Die Zwischenlagen werden hinter dem Handschutz mit Leimklammern verklebt. Nun ist die verbleibende Länge der Angel bekannt, und das Griffholz kann angepasst werden.

SCHRITT 2: DER GRIFFBLOCK

Im Unterschied zur Steckangel wird beim Hidden Tang durch das Griffmaterial keine durchgehende Bohrung, sondern ein Sackloch angebracht. Die Öffnung wird so tief wie möglich vorgebohrt und dann mit schmalen Stechbeiteln und einem in einen Holzgriff eingesetzten Stichsägeblatt von Hand vergrößert. Wenn sich die Angel stramm aber ohne Widerstand in das Holz einführen lässt, ist die Passung zufriedenstellend. Dann wird die Lage der Mündung mit einem Winkel senkrecht an eine der Seitenflächen übertragen und dort der Angel entsprechend aufgelegt, um die Lage der Bohrungen zu markieren.

Zum Verkleben des Griffs verwenden wir eine selbstgebaute Zwinge, wie wir sie in Projekt 5 beschrieben haben. Natürlich lässt sich das Messer auch einfach senkrecht in den Schraubstock einspannen und links und rechts mit je einer Schraubzwinge zusammenfügen und pressen. Jedoch ist es damit ein Leichtes, den Griff schief zu verkleben. Mit der Spezialzwinge lassen sich Verleimdruck und dessen Wirkrichtung exakt dosieren, was das Arbeiten erheblich erleichtert.

Da die Angel gerade verläuft, kann die passende Öffnung senkrecht in den Griffblock vorgebohrt werden. Wie beim Handschutz ist das Ziel, möglichst viel Material zu entfernen.

Das verbliebene Material muss mit schmalen Stechbeiteln, Handstichsäge und Schlüsselfeilen entfernt werden – es lohnt sich, die Angel möglichst spielfrei in das Holz einzubetten.

Die selbstgebaute Säge (siehe Projekt 5) ist beim Einpassen in den Griffblock sehr hilfreich. Ist die Öffnung für die Angel zufriedenstellend, wird die Lage ihrer Mündung auf eine Seitenfläche übertragen und dort der Verlauf der Angel markiert.

SCHRITT 3: DER TRICK

Vor dem Härten haben wir in die Angel Bohrungen von 6 mm angebracht, bewusst um 2 mm größer als der gewünschte Durchmesser der Sicherungsstifte. In diese Bohrungen setzen wir nun je einen passenden Abschnitt Messing-Rundmaterial ein und stauchen ihn mit dem Hammer fest. Die Oberflächen schleifen wir beidseitig plan, so dass sich die Angel wie zuvor in das Griffloch einführen lässt.

Wenn wir nun aber die Bohrungen anbringen, arbeiten wir nicht mit einem Bohrer von 6 mm, sondern mit 4 mm. Damit haben wir im Bohrbereich ein wenig Spielraum. Denn selbst wenn wir mit dem Bohrer um einen Millimeter von der Ideallinie abweichen, treffen wir immer noch auf weiches Messing und nicht den gehärteten Stahl. Damit lassen sich kleine Ungenauigkeiten auffangen, ohne an Stabilität einzubüßen.

Ist die Angel verstiftet, kann der Griff in seine endgültige Form gebracht werden. Die gewünschte Form wird mit Schablonen oder frei aus der Hand auf den Griffblock übertragen und überschüssiges Material abgetragen. Am Ende stehen Feinschliff und Polieren.

Um die Bohrungen zu erleichtern, wird Messing in die bisherigen Bohrlöcher eingesetzt. Passendes Rundmaterial wird abgelängt.

Das weiche Messing lässt sich gut in den Bohrungen stauchen und damit fixieren. Dann wird plan geschliffen.

Nun wird der Griffblock auf die Angel geklebt. Am einfachsten geht das mit einer selbst gebauten Zwinge für Steckangelmesser.

Die Bohrungen für die Stifte werden nun mit 4 mm Durchmesser angebracht – dank der Messingeinsätze dürfen sie jetzt nach allen Seiten um einen Millimeter von der Mitte abweichen.

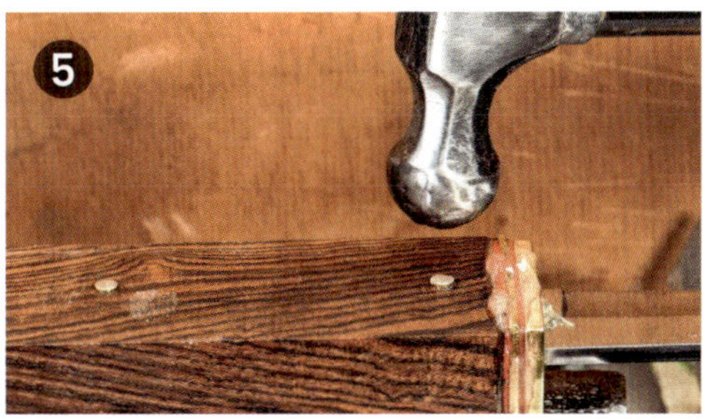

Die Stifte werden eingeklebt und zusätzlich mit einem Ballhammer gestaucht. Das gibt dauerhaft festen Halt.

Mit einer aufgeklebten Papierschablone übertragen wir den Umriss der Griffform.

Mit einer Laubsäge – abwechselnd mit Sägeblättern für Metall und Holz – schneiden wir die Kontur aus.

Anschließend werden mit einer großen Halbrundfeile grob die Kanten gebrochen ...

... und dann immer weiter alle Kanten gerundet, bis eine gleichmäßig symmetrische Form entstanden ist.

Die Feinarbeit erfolgt mit Schleifpapier, beginnend bei Körnung 80 in immer feineren Schritten bis Körnung 1000.

11
Das Ergebnis: Ein formschönes Utility-Messer mit verstiftetem Hidden Tang.

MIRKA
10
Polarshine
POLISHING COMPOUND 10

GRIFF AUS KNOCHEN

Knochen ist ein sehr traditionelles und schönes Griffmaterial. Leider wird es heute in der Messerindustrie nur noch selten verwendet. Wir zeigen Schritt für Schritt, wie man daraus einen Messergriff baut. Um es kurz zu machen: Knochen aus Speiseresten eignen sich nicht oder nur sehr schlecht als Griffmaterial. Denn das Erhitzen hat die Struktur der Knochen verändert und sie weniger widerstandsfähig gemacht. Außerdem sind dabei Fette und andere Substanzen in das Material eingedrungen und haben meist unerwünschte Verfärbungen hinterlassen.

Wenn man nicht den Ehrgeiz hat, alles selbst zu machen, kann man auch fertig vorbereitetes Knochenmaterial für Griffschalen aus dem Messermacherbedarf verwenden. Das macht die ganze Sache natürlich einfacher, kann aber auch Nachteile haben. Oft wurde das fertige Griffmaterial erhitzt und gepresst, um es in die geeignete Form zu bringen. Dadurch ändert sich die Struktur des Materials, und im ungünstigsten Fall können Risse auftreten.

Es ist weitaus empfehlenswerter und auch gar nicht teuer, stattdessen beim örtlichen Metzger einen kompletten und entfleischten Rinderknochen zu bestellen. Idealerweise sollte er vom Hinterlauf stammen. Der Oberschenkelknochen weist die größte Wandstärke auf, ist aber im Querschnitt annähernd rund. Der Schienbeinknochen ist flach-oval, weshalb sich daraus etwas einfacher Griffschalen für den Messerbau gewinnen lassen. Allerdings ist hier die Wandstärke geringer. Dennoch lassen sich aus beiden Knochenarten viele gute Griffschalen schneiden und zurechtschleifen.

Für unser Projekt verwenden wir eine Flachangelklinge aus Damaszenerstahl von der Messer-Börse Falkenburger, die wir nach der Methode des verstorbenen Messermacher-Urgesteins Wolf Borger mit einem Angelgewinde für eine Knaufplatte versehen. Dann zeigen wir, wie man die Griffschalen montiert und verschönert: den Knochen im „Jigged Bone“-Stil verzieren und einfärben. Zusätzlich zeigen wir für den Knochen noch verschiedene andere Techniken, die natürlich anmutende Strukturen erzeugen. Dazu verwenden wir ein elektrisches Schleifwerkzeug vom Dremel-Typ oder eine biegsame Welle an einer Handbohrmaschine.

Knochen ist ein poröses Material, das jede Art von Feuchtigkeit in sich aufnimmt. Außerdem reagiert es auf UV-Strahlung. Beide Faktoren sorgen dafür, dass der zunächst fast reinweiß wirkende Knochengriff sich mit der Zeit verfärbt. In Ehren gealterter, antiker Knochen kann sicherlich sehr schön aussehen, mitunter mit einer holzähnlichen Maserung in verschiedenen Farbtönen. Schlimmstenfalls kann er aber eine einheitlich hässliche Färbung entwickeln.

Das lässt sich von vornherein ausschließen, indem man das Material direkt nach der Verarbeitung einfärbt. Wir haben dafür in erster Linie Holzbeizen verwendet. Erprobtermaßen sind sie weitgehend UV-stabil, sodass sich der erzielte Farbton mit zunehmendem Alter nur noch wenig verändern wird. Wer bei der Verarbeitung Kleidung oder Möbel mit Beize verschmutzt, wird feststellen müssen, dass sie sich kaum noch entfernen lässt. Am preiswertesten sind Beizpulver, die mit Wasser angerührt werden. Sie lassen sich auch gut untereinander mischen.

Achtung: Die von den Herstellern für die Beizen angegebenen Farbtöne gelten für die Verwendung auf Holz, das sehr viel mehr von der Beize aufnehmen kann als ein feinporiger Knochen. Daher kommt es bei unserem Projekt zu deutlich anderen Färbungen. Hier kann man nur ausprobieren und sich schließlich an den gewünschten Farbton schrittweise herantasten.

Nach der Fertigstellung haben wir jede der von uns gestalteten Knochenoberflächen mit reinem Kamelienöl behandelt. Das gibt dem Material einen seidigen Glanz und schützt vor dem Austrocknen.

BENÖTIGTE WERKZEUGE

- Winkelschleifer
- Laubsäge
- Handsäge
- Bohrmaschine
- Gewindeschneider
- Feilen
- Schleifpapier
- Küchenmesser
- Stechbeitel
- Kunststoffeimer
- Flaschenbürste
- Dremel-Tool mit verschiedenen Aufsätzen

MATERIAL

AUS DEM FACHHANDEL

1 x Flachangelklinge, Damaszenerstahl, ca. EUR 65,-
erhältlich zum Beispiel bei Messer-Börse Falkenburger
1 x Flachmessing, als Zuschnitt 30 x 20 x 5 mm, ca. EUR 2,-
erhältlich zum Beispiel bei www.alu-messing-shop.de
1 x Böker Kamelienöl, 100 ml, ca. EUR 20,-
erhältlich bei www.boker.de

AUS DEM BAUMARKT

2 x Messing-Rundmaterial, 3 x 30 mm, Meterware, ca. EUR 5,-
1 x Wäschebleiche
1 x Vollwaschmittel
1 x Holzbeize Nussbaum, ca. EUR 10,-
1 x Rustikaleffekt-Beize, Moorbraun, ca. EUR 10,-
1 x Pulverbeize Kirschbaum, ca. EUR 5,-

VOM METZGER

1 Stück frischer Rinderknochen vom Hinterlauf, Oberschenkel oder Schienbein, ca. EUR 5,-

So kommt der Knochen vom Metzger. Wir haben einen Oberschenkelknochen (hier im Bild) und ein Schienbein, jeweils vom Hinterlauf, geordert.

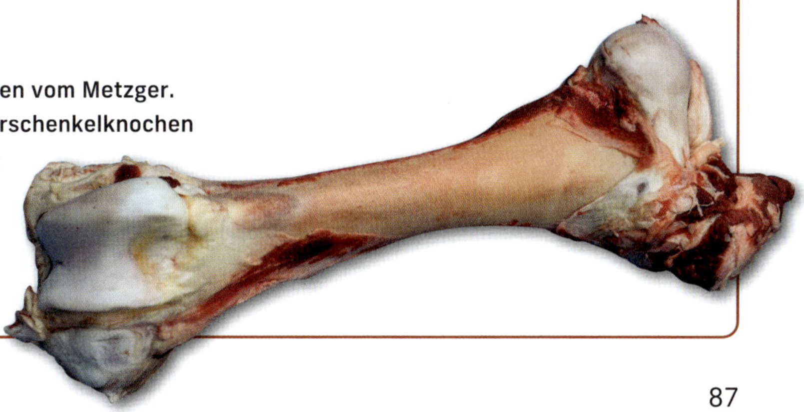

SCHRITT 1: DEN KNOCHEN VORBEREITEN

Wer seinen Knochen beim Metzger in Empfang nimmt, wird möglicherweise erst einmal von der Größe und dem Gewicht des Pakets überrascht sein. Es ist empfehlenswert, damit zügig in die Werkstatt zu eilen, denn die essbaren Bestandteile wie anhaftende Fleischreste und das Knochenmark bleiben ohne Kühlung nicht lange genießbar. Außerdem sollten genau diese Stoffe so rasch wie möglich vom Knochen getrennt werden, um Verfärbungen zu vermeiden.

Zuallererst müssen die Gelenkkugeln abgesägt werden, denn sie sind zwar riesig, bestehen aber fast ausschließlich aus Knorpel und poröser Knochenstruktur und sind für den Messergriffbau unbrauchbar. Für das Entfernen der Fleischreste und des Knochenmarks sollte der Arbeitsbereich weiträumig abgedeckt werden, denn die Arbeit hinterlässt in der Umgebung Spuren. Und verwesendes Knochenmark unter der Werkbank riecht nicht besonders gut.

Sind alle fetthaltigen Anhaftungen gründlich entfernt (für das Innere der Röhren ist eine große Flaschenbürste gut geeignet), werden die Knochen für etwa einen Tag in eine gesättigte Lösung aus Wäschebleiche und Vollwaschmittel gelegt. Das löst auch die letzten öligen Bestandteile aus dem Material und bleicht es elfenbeinfarben. Anschließend sollten Seife und Bleiche in einem mehrstündigen Wasserbad neutralisiert werden. Der Knochen ist nach mehrwöchigem Trocknen bei Raumtemperatur verarbeitbar.

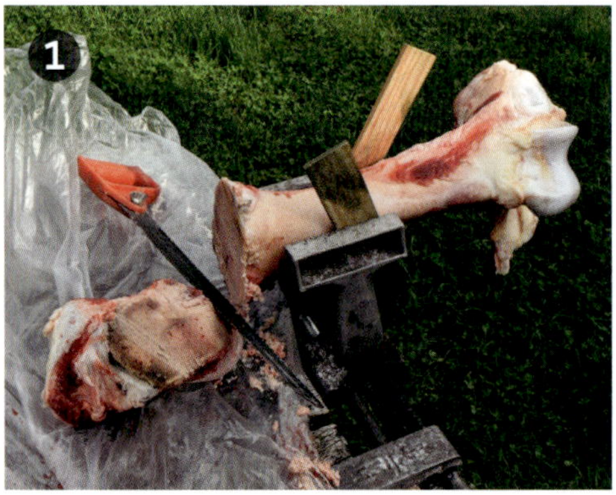

Zunächst werden die Gelenkkugeln abgesägt. Sie bestehen fast nur aus Knorpel und poröser Substanz – beides ist unbrauchbar.

Ein wichtiger, aber recht mühsamer Schritt: Das Knochenmark muss möglichst vollständig entfernt werden. Das enthaltene Fett zieht sonst in den Knochen ein und verursacht unerwünschte Flecken.

Auch außen am Knochen anhaftende Fleisch-, Sehnen- und Hautreste müssen rückstandsfrei entfernt werden, weil sie das Material sonst ebenfalls verderben.

Der Querschnitt des Oberschenkelknochens (links) ist eher rund, der des Schienbeins rund-oval. Aus letzterem lassen sich besser flache Griffschalen gewinnen, allerdings ist die Wandstärke geringer.

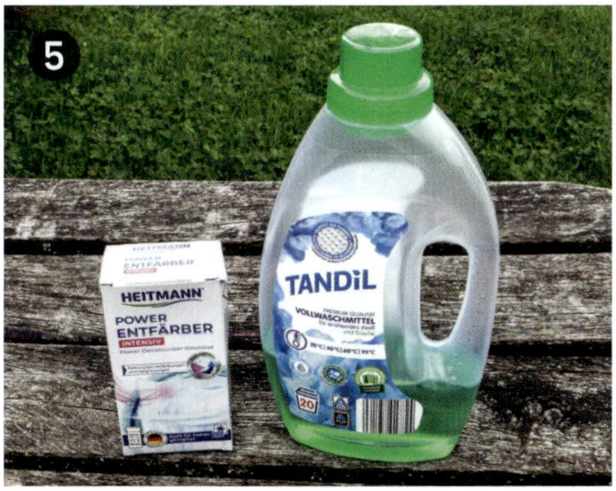

Die sauberen Knochenröhren müssen rund einen Tag in einer Mischung aus Vollwaschmittel und Wäschebleiche eingelegt werden. Das löst letzte fettige Bestandteile und sorgt für eine helle Tönung.

Tipp: Einen Eimer mit Müllsack auskleiden, Knochen und Chemie hinein, den Sack zuknoten. So bleibt der Eimer sauber, es riecht nicht, und eventuell flüchtige chemische Stoffe bleiben erhalten.

Anschließend müssen die Knochen noch einige Stunden in ein Wasserbad gelegt werden, um alle Seifen- und Chemikalienreste zu entfernen.

Dann können die Knochen aufgesägt werden. Sind hauptsächlich flache Stücke für Griffschalen gewünscht, sollten die Schnitte mit Bedacht platziert werden, um die besten Formen zu erzielen.

Beim Schienbeinknochen ist die Sache recht klar: Der ovale Querschnitt wird in Längsrichtung halbiert. So entstehen zwei annähernd flache Elemente.

Da sich der Querschnitt des Oberschenkelknochens in der Mitte verändert, werden die Schnitte nur bis dort geführt. Der erste Schnitt ist naheliegend – hier ist ein schön flacher Bereich.

Die weiteren Schnitte ergeben sich bei der Durchführung. Letztlich geht es nicht ohne Kompromisse, weil sich nicht an jeder Stelle „das Runde zum Eckigen" machen lässt.

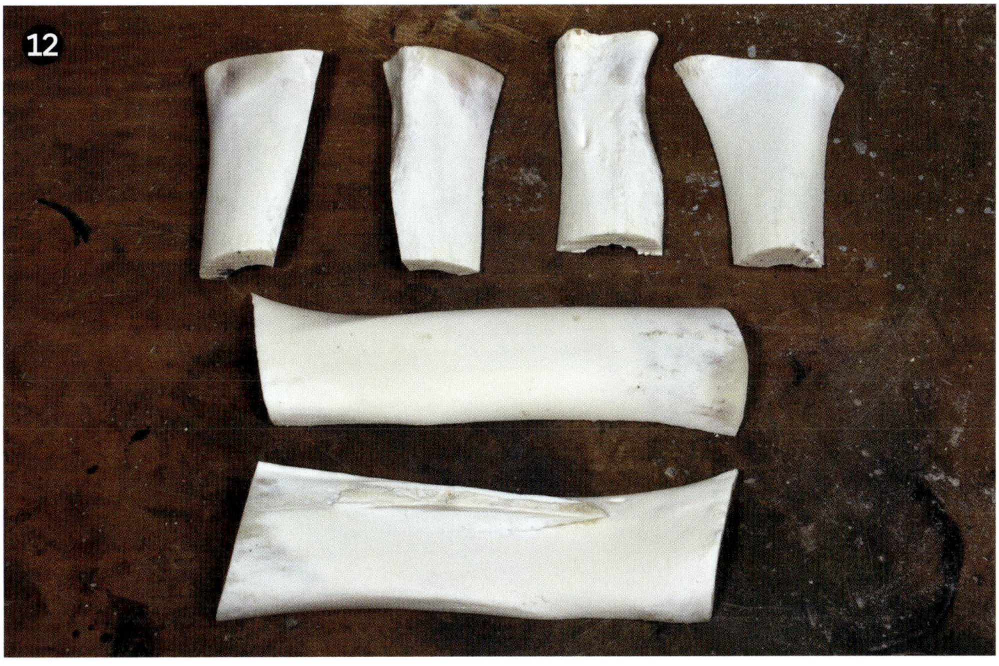

Nach Abschluss der Vorbereitung sollten die Knochen an einem warmen – aber nicht heißen – Ort für einige Wochen trocknen.

SCHRITT 2: DIE KNAUFPLATTE

Für unser Projekt haben wir eine Flachangel-Damastklinge in einer klassischen Nickerform gewählt. Die von der Messer-Börse Falkenburger vertriebenen Klingen werden in einer kleinen Schmiede im Himalaya hergestellt. Für unser Projekt haben sie den Vorteil, dass die Angel bei ihnen – wie eigentlich traditionell üblich – ungehärtet ist und sich deshalb problemlos verändern lässt. Denn wir wollen unser Flachangelmesser mit einer aufgeschraubten Messing-Knaufplatte versehen.

Zur Befestigung unserer Knaufplatte verwenden wir eine Methode, die der deutsche Messermacher-Pionier Wolf Borger vor Jahrzehnten in den von ihm herausgegebenen „Knifemaker-News“ gezeigt hat. Dabei wird am hinteren Ende der Flachangel mit dem Winkelschleifer ein Schlitz angebracht, der in einer Bohrung endet. Schlitz und Bohrung müssen derart bemessen sein, dass sie eine geeignete Gewindeschraube aufnehmen können. Diese wird mit Epoxidharz vorläufig fixiert und dann zusätzlich mit dem Hammer ein wenig breitgeschlagen. Sind die Griffschalen angebracht, lässt sich auf die Schraube ein Knauf aufsetzen – der in der Angel verkeilte Schraubenkopf wirkt dabei wie ein Dübel.

Für unser Projekt haben wir uns eine Flachangel-Damastklinge besorgt. Sie ist bereits fertig gehärtet, poliert und geätzt.

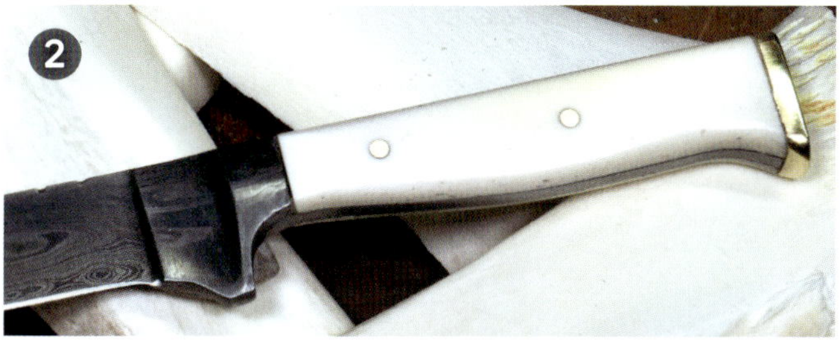

Unser Ziel ist ein Messer, bei dem der Knochengriff vom Halbintegral-Handschutz und einer Knaufplatte aus Messing eingefasst ist.

Das gerundete Ende der Flachangel soll entfernt und eine Befestigungsmöglichkeit für die Knaufplatte angebracht werden. Zunächst zeichnen wir den zu entfernenden Bereich an.

Um die abgebildete Gewindeschraube M5 einsetzen zu können, muss eine Bohrung für den Schraubenkopf und ein Schlitz für den Schaft eingeschnitten werden.

Wenn sich die Schraube stramm einsetzen lässt, wird sie mit ein wenig Epoxidharz eingeklebt und zusätzlich mit dem Hammer ein wenig breitgeschlagen. Achtung: Das freiliegende Gewinde nicht beschädigen!

Wir schneiden für unser Projekt eine Knaufplatte aus 5 mm starkem Messing-Flachmaterial aus.

Im Schnittpunkt der Diagonalen wird erst ein Kernloch mit 4 mm Durchmesser gebohrt und anschließend ein Gewinde M5 eingeschnitten.

SCHRITT 3: DIE GRIFFSCHALEN ANPASSEN

Zum Bearbeiten von Knochen eignen sich eigentlich alle Werkzeuge, die auch zur Holzbearbeitung eingesetzt werden. Das Material lässt sich beizen, färben, ölen oder wachsen. Wer mehr Witterungsbeständigkeit will, kann es auch mit Kunstharz stabilisieren. Doch angesichts der Knochenwerkzeuge, die aus der Steinzeit erhalten geblieben sind, sollte man sich fragen, ob letzteres bei den ohnehin sehr guten physikalischen Eigenschaften von Knochen unbedingt nötig ist.

Da wir unser Knochenmaterial nicht flachpressen wollen, sind wir darauf angewiesen, die darin vorhandenen gewachsenen Abflachungen und Verdickungen zu nutzen, um daraus unsere Griffschalen zu formen.

Hier ist es von Vorteil, dass für unsere Nickerklinge nur recht schmale und auch dünne Schalen erforderlich sind. Mit ein wenig Nachdenken und Ausprobieren lassen sich jedoch auch durchaus breite und dicke Schalen aus dem röhrenförmigen Material gewinnen. Die Arbeitsweise entspricht im Übrigen genau der, die immer beim Anbringen von Griffschalen an einer Flachangel erforderlich ist.

An den Handschutz, der in die Klinge integriert ist, müssen die Köpfe der Griffschalen sauber angepasst werden.

Aus den vorbereiteten Knochenstücken werden zwei passende, möglichst flache Abschnitte ausgewählt.

Die Griffschalen sollten möglichst früh auf die ungefähre Breite des Griffs zugeschnitten werden – desto geringer fallen die Krümmungen aus und desto leichter lassen sie sich begradigen.

Rinderknochen lässt sich gut mit den gleichen Werkzeugen bearbeiten wie Holz. Für den groben Zuschnitt der Griffschalen ist eine ganz normale Laubsäge gut geeignet.

Wer keine Möglichkeit zum maschinellen Planschleifen hat, muss jede Schale einzeln im Schraubstock mit Holzraspel und -feile an die Flachangel anpassen.

Regelmäßige Kontrollen mit dem Schenkel eines Winkels oder einem Lineal verdeutlichen, an welchen Stellen noch Material entfernt werden muss.

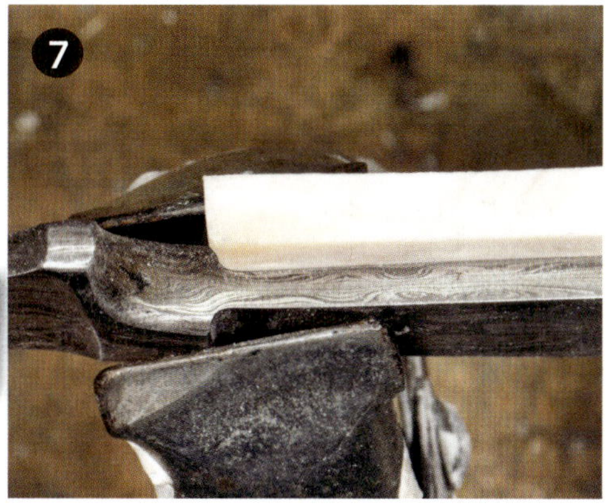

Der Ansatz am Handschutz verläuft leicht schräg mit einer gerundeten Innenkante – hier muss die Vorderkante beider Griffschalen bereits zu diesem Zeitpunkt exakt angepasst werden.

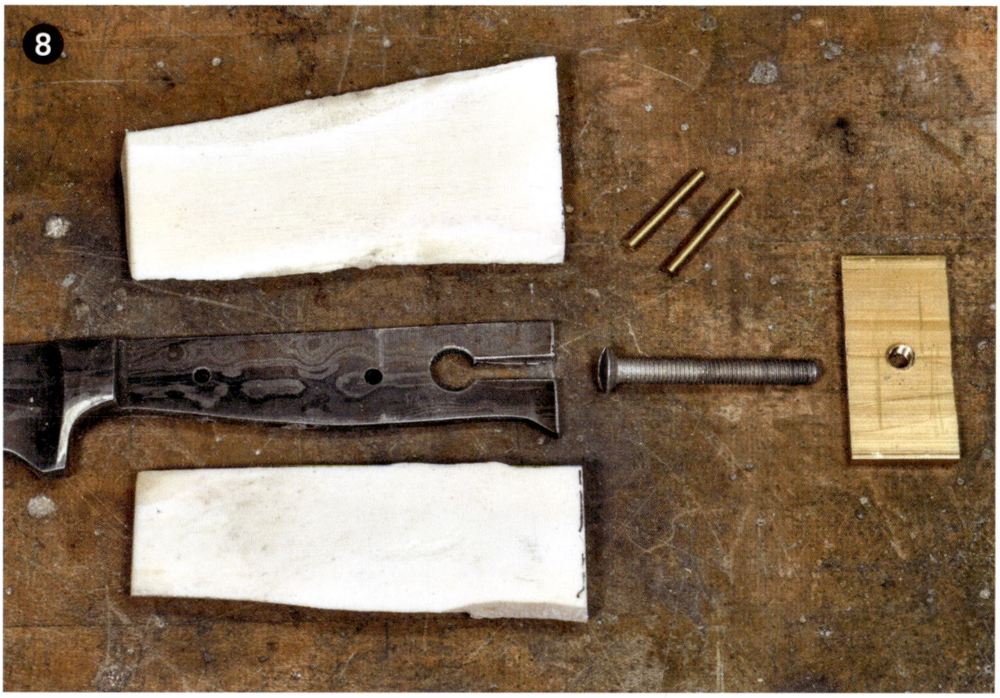

Damit sind die Griffschalen komplett an die Flachangel angepasst, und die Montage kann beginnen.

SCHRITT 4: DIE MONTAGE

Wir kleben eine Griffschale mit Epoxidharz in Position. Bis auf die an den Handschutz angepasste Vorderkante kann ruhig ein wenig Material an der Angel überstehen.

Die Klinge lässt sich dann als Bohrschablone nutzen, um die Bohrungen für die Griffnieten passgenau in dieser Griffschale platzieren zu können.

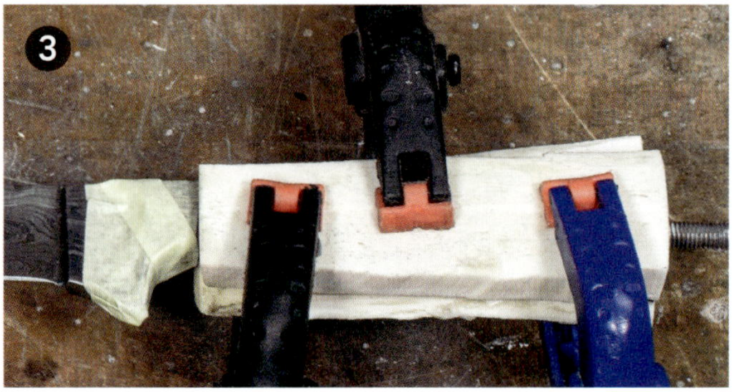

Nun wird die zweite Griffschale angeklebt. Die Löcher für die Griffnieten können wir dann bequem von der anderen Seite durchbohren.

Zwei Messingstifte á 3 mm Durchmesser werden mit Epoxidharz bestrichen, eingeschoben und mit dem Ballhammer gestaucht.

Danach lassen wir den Kleber einen Tag lang aushärten. Dann wird das Material, das um die äußere Kontur der Angel übersteht, entfernt.

Für einen symmetrischen Griff gibt die aktuell dünnste Stelle der Schale die maximale Griffstärke vor. Beide Griffschalen werden mit der Feile abgeflacht.

Nun wird der Sitz unserer speziell angefertigten Griffkappe angepasst und diese dann montiert.

Das knaufseitige Ende der Griffschalen wird dazu zunächst plan gefeilt. Die Fläche sollte dann genau rechtwinklig zum Schraubengewinde stehen.

Die Innenseite der Knaufplatte wird satt mit Epoxidharz eingestrichen und das Element fest angeschraubt.

Die Überstände der Messingplatte und des Schraubengewindes werden abgesägt.

Das Abrunden des Griffs beginnt damit, dass seine scharfen Kanten „gebrochen“, also gleichmäßige Fasen angefeilt werden.

Die Fasen werden mit der Feile und grobem Schleifpapier gerundet. Nun wird bereits die endgültige Form des Griffs erkenn- und erfühlbar.

Am Ansatz zum Handschutz bilden die Griffschalen zunächst einen scharfkantigen und recht klobigen Absatz. Dieser wird ganz behutsam mit der Feile abgeschrägt, auch um später das Einführen in eine Steckscheide zu erleichtern.

Unser Messer ist nun eigentlich fertig. Die Griffschalen aus creme-weißem Knochen ähneln feinem Elfenbein.

SCHRITT 5: DAS FINISH

STRUKTUR MIT KAFFEE-FINISH

Wer eine glatte, feine Elfenbein-Optik schätzt, macht an dieser Stelle einfach nicht mehr weiter, sondern konserviert den Griff nur mit Öl. Wenn man dem Griff aber mehr Pfiff verleihen will, hat man diverse Möglichkeiten.

Mit einem Dremel und dem Kugelfräser-Aufsatz fräsen wir immer gleich lange Striche in das Material.

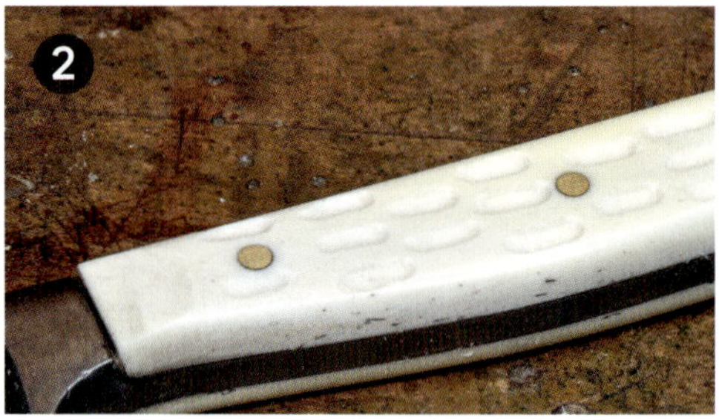

Wir schaffen regelmäßig geordnete Reihen, sodass eine sehr geometrische, rutschfeste Struktur entsteht.

Der Griff wird dann eingefärbt – mit löslichem Kaffee. Dazu rühren wir in einem ausreichend hohen Gefäß eine gesättigte Lösung aus löslichem Kaffee an und versenken das Messer für gut 24 Stunden darin.

Wir haben auch die Klinge den im Kaffee enthaltenen, schwachen Säuren ausgesetzt: So wird das beim Anpassen der Griffschalen abgeschliffene Damastmuster wieder vervollständigt sichtbar und dem Knochengriff ein Antikfinish verliehen.

WILDES MUSTER

Bei wilden, unregelmäßigen Mustern kann man ganz kreativ vorgehen und der eigenen Fantasie freien Lauf lassen. In Dremel-Kits sind dafür einige passende Aufsätze enthalten.

Mit einem kleinen Kugelfräser-Bit im Dremel werden wahllos kleine Einfräsungen auf dem Werkstück platziert. Dabei versuchen wir, regelmäßige Anordnungen zu vermeiden.

Das Werkstück mit komplett strukturierter Oberfläche.

Zum Färben nutzen wir eine selbst angerührte Wasserbeize im rötlich-orangen Ton „Kirschbaum dunkel".

Durch die Färbung wird die Struktur besser sichtbar.

CLASSIC JIGGED BONE

Eine klassische Art der Knochenbearbeitung ist das Imitieren von Hirschhorn. Diese Form des Jigged Bone ist besonders bei traditionellen amerikanischen Taschenmessern sehr beliebt.

Der Vergleich einiger alter Messergriffe aus echtem Hirschhorn zeigt, wie verschieden das Material aussehen kann.

Dieses Mal verwenden wir eine Trennscheibe auf dem Dremel, um in unregelmäßiger Abfolge unterschiedlich lange und tiefe Einkerbungen auf der Oberfläche anzubringen.

Nach Beendigung dieses Arbeitsgangs ist die gesamte Oberfläche des Stücks mit Einkerbungen versehen.

Möglicherweise hervorstehende Knochenfasern lassen sich gut mit einer Drahtbürste entfernen. Damit kann man auch scharfe Kanten glätten.

Zum Färben haben wir zwei verschiedene Beizen verwendet. Zunächst haben wir das ganze Stück im Farbton Nussbaum gefärbt.

Danach haben wir die Oberseite in eine Beize in dunklem Moorbraun gelegt und die Farbe einige Stunden einwirken lassen.

Das Ergebnis hat eine starke Ähnlichkeit mit Hirschhorn, hat sich aber auch einen eigenen Charakter bewahrt. Schließlich soll es hier nicht um Materialfälschung gehen.

GROOVES

Bei taktischen und Bushcraft-Messern sind gefräste Grooves wegen ihrer sehr rutschfesten Struktur in Griffschalen aus G-10 oder Micarta besonders beliebt. Dieses besondere Muster kann man genauso gut in Knochenschalen umsetzen.

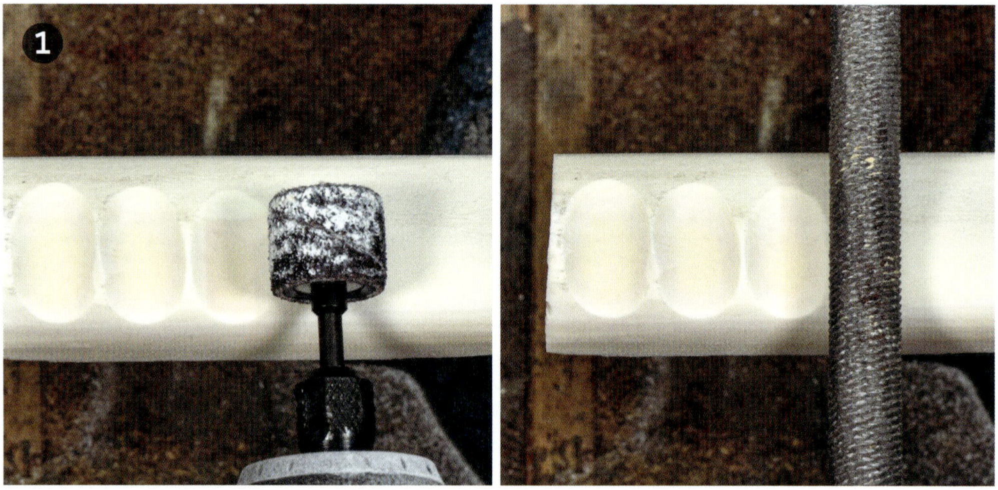

Mit einer 16-mm-Schleiftrommel auf dem Dremel oder einer Rundfeile platzieren wir eine Reihe halbrunder Mulden entlang einer der Kanten.

Diese Struktur lassen wir auf etwa drei Vierteln der Breite auslaufen, bis die erste Reihe so aussieht. Dann wird gewendet und die zweite Reihe begonnen.

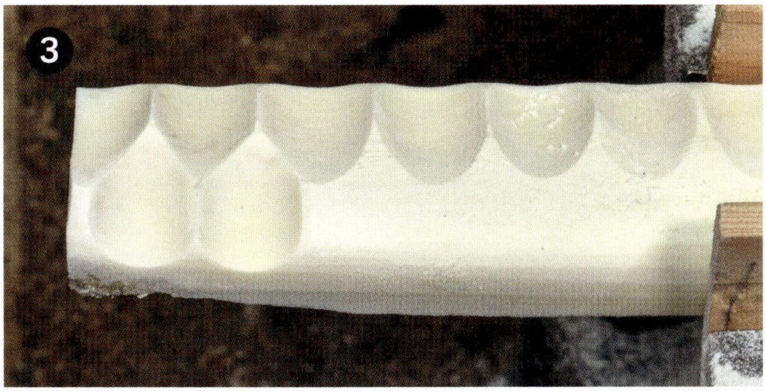

Die Mulden liegen hier um eine halbe Breite versetzt, sodass ihre Mitte auf der gegenüberliegenden Seite exakt auf dem Steg zwischen den Mulden ausläuft.

Werden die Mulden der zweiten Reihe genauso tief gearbeitet wie die der ersten, entsteht in der Mitte des Werkstücks eine gezackte Linie – dadurch wirkt die Struktur sehr ausgewogen.

Zum Färben verwenden wir Beize auf Wasserbasis in Nussbaum. Sie lässt sich am gleichmäßigsten mit einem satt getränkten Stoffballen einreiben. Unser fertiggestelltes Probestück mit einer Groove-Kontur ähnelt einer Reptilienhaut.

mm
ZERO
inch/mm

FILEWORK

Filework hat sich in den vergangenen Jahrzehnten als ein Standarddekor in der Custom-Knife-Szene etabliert. Auch an Industriemessern aller Preisklassen ist es mittlerweile zu finden. Wie sich diese Technik erlernen läßt, zeigt dieses Projekt.

Wie bei allen Handwerkstechniken muss man sich auch hier klar machen: „Es ist noch kein Meister vom Himmel gefallen!" Natürlich ist das eine Binsenweisheit, aber dennoch begehen viele Hobby-Messermacher den Fehler, die ersten Versuche an einer Klinge durchzuführen, an der sie bereits Stunden oder Tage gearbeitet haben. Stellt sich dann ein Misserfolg ein, ist der Kummer natürlich groß. Ein Blick in Lehrwerkstätten macht es klar: Die angehenden Meister ihres Fachs lernen Techniken wie Schweißen, Hobeln oder Nähen nicht an Stücken, die später verkauft werden sollen. Sie üben mit Materialresten und erstellen Handproben, bis sie in der jeweiligen Technik so geschult sind, dass sie zuverlässig immer gleiche Ergebnisse wiederholen können.

In Baumärkten ist vier bis fünf Millimeter dicker Flachstahl (Baustahl) als Meterware für wenige Euro erhältlich. Warum dann also teuren Klingenstahl verderben, wenn es auch damit möglich ist? Filework wird üblicherweise auf ungehärteten Klingenstahl aufgebracht, und dieser verhält sich, abgesehen von ein paar besonders zähen Sorten, unter der Feile nicht wesentlich anders als Baustahl.

Wie viele Übungsstücke nötig sind, um Filework zuverlässig in guter Qualität hinzukriegen, hängt natürlich vom persönlichen Talent ab. Es ist aber weder eine Kunst noch Hexenwerk, sodass es sicher jeder, der nicht gerade die zwei sprichwörtlichen „linken Hände" hat, ohne allzu lange Lehrzeit erlernen kann.

Auch die Wahl des Musters oder Designs entscheidet, wie gut oder schlecht es dem Anfänger gelingen kann. Streng symmetrische Muster mit eng beieinander liegenden Kerben zum Beispiel verzeihen nicht die kleinste Ungenauigkeit, weil sie hier auch dem unaufmerksamen Betrachter sofort ins Auge fallen. Weiter auseinander gezogene Muster mit wenig oder gar keiner Symmetrie oder Regelmäßigkeit sind dagegen für Anfänger sehr viel leichter zufriedenstellend zu gestalten, weil das Auge hier weniger Anhaltspunkte hat, wo welche Kerbe eigentlich sitzen soll.

BENÖTIGTE WERKZEUGE

- Stahllineal
- Messschieber
- Winkel
- Satz Schlüsselfeilen
- Reißnadel, 2H-Bleistift oder Fineliner
- Metallsäge fein („PUK-Säge")
- Malerkrepp (möglichst dünn und glatt)
- Schleifpapier

TIPPS UND TRICKS

- Gleichartige Kerben immer von der gleichen Seite aus gleicher Position einarbeiten, andernfalls werden immer Unterschiede entstehen.
- Möglichst feine Feilen verwenden, dadurch muss der Grund der Kerben weniger nachbearbeitet werden.
- Zum Glätten des Kerbengrunds die Feile einlagig mit Schleifpapier umwickeln.
- Zum Herstellen gleichartiger Kerben immer die Feilzüge mitzählen und in gleicher Anzahl bei jeder Nut wiederholen.
- Der optische Effekt des Fileworks wird verstärkt, wenn der Kerbengrund dunkel eingefärbt wird. Das lässt sich beispielsweise durch Ätzen, Brünieren, Beschichten (auch Lackieren) und Wärmebehandlung erzielen. Meist werden die umliegenden Flächen nachher noch einmal überschliffen, um den Kontrast zu verstärken.
- Mit Feilen wird üblicherweise nur an ungehärteten Klingen gearbeitet. Die Mehrzahl der „Fileworker" arbeitet auf diese Weise. Nach dem Härten lässt sich Filework nur noch einschleifen – beispielsweise an der kleinen Rolle des Bandschleifers oder mit einem kräftig motorisierten Dremel.

Filework ist bei einigen Messertypen wie dem Laguiole eine Standardverzierung. Wer genau hinsieht, bemerkt auch bei diesem industriell gefertigten Messer Ungenauigkeiten in der Ausführung.

VARIANTE 1: GERIFFELTE DAUMENAUFLAGE

Eine Erklärung für die möglichen Ursprünge von Filework ist, dass man den Klingenrücken als rutschfeste Daumenauflage gestalten wollte. Deshalb soll in unserem ersten Projekt ein Bereich des Klingenrückens mit schmalen, halbrunden Kerben in gleichen Abständen versehen werden. Schnell wird hier deutlich: Das Muster verlangt extreme Genauigkeit, damit es nicht „gebastelt“ aussieht. Jedoch ist es auch eine gute Übung für Anfänger, weil sie auf diese Weise lernen, was man nicht tun sollte!

Zum Üben nehmen wir Flachstahl aus dem Baumarkt. Da er meist verzundert ist und die Kanten auch leicht abgerundet sind, sollte er zunächst leicht überschliffen werden.

Der Flachstahl wird in passender Arbeitsposition in den Schraubstock eingespannt.

Die Werkstückkante lässt sich mit dünnem Malerkrepp zum präzisen Markieren vorbereiten.

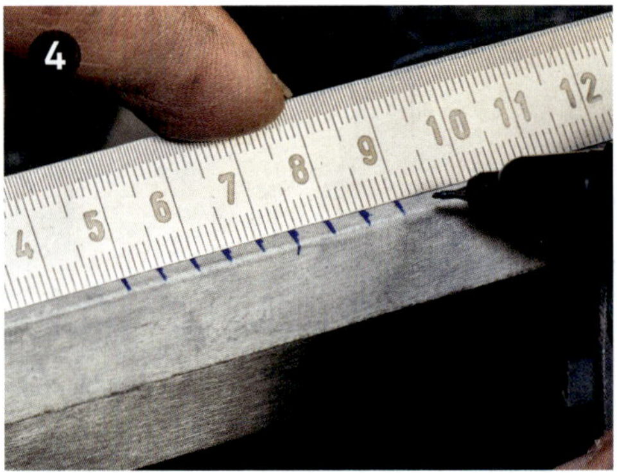

Die genaue Lage der Kerben wird per Lineal markiert. Die Abstände betragen hier 5 mm – jeweils von der Mitte einer Nut zur nächsten.

Für die korrekte Positionierung der Feile wird die Lage der Kerben mit einer kleinen Bügelsäge 1 bis 2 mm tief vorgeritzt. Malerkrepp hilft: Der dünne Klebefilm erschwert das Abrutschen.

Nun wird jeder Sägeschnitt mit einigen Zügen einer Dreikant-Schlüsselfeile V-förmig gefeilt. Damit erhält die runde Schlüsselfeile eine sichere Führung, und die Kerben können so auf ihre endgültige Form gebracht werden.

Weil die meisten dieser Feilen leicht konisch sind, sollte jede Kerbe auch von der anderen Seite einige Züge gefeilt werden – das sorgt für gleichmäßig breite Kerben. Das Klebeband wird gegen Ende der Arbeit entfernt. So kann man das Ergebnis besser kontrollieren.

Zuletzt wird schrittweise immer feineres Schleifpapier um die Feile gewickelt, um den Grund der Kerben fein schleifen zu können.

Die fertige Daumenauflage. Die strenge Regelmäßigkeit dieses Designs macht auch kleinste Ungenauigkeiten sofort sichtbar.

VARIANTE 2: HALBRUNDE KERBEN IM WECHSEL

Auch dieses Muster erhöht die Griffigkeit, allerdings ist es in erster Linie als Verzierung gedacht. Je nachdem, wie weit die Kerben voneinander entfernt sind und welche Form und Größe sie haben, entstehen damit unterschiedliche optische Effekte. Wird es eher etwas weiter auseinander gezogen, ist es auch gut für Anfänger geeignet, denn kleine Ungenauigkeiten neigen darin zum „Verschwinden“.

Eine andere Möglichkeit zum Anreißen: Die zu bearbeitende Kante wird mit Anreißfluid (oder Permanentmarker) eingefärbt.

Dann werden mit der Schieblehre oder dem Lineal die Abstände zwischen den einzelnen Kerben markiert.

Da kleine, halbrunde Kerben im Wechsel an den Kanten angebracht werden sollen, werden Abstände von 1 cm angezeichnet.

Diesmal ritzt die kleine Bügelsäge nur die Kanten ein – und das wechselweise links und rechts.

Wieder folgt als nächstes die kleine Dreikant-Schlüsselfeile, die die Kerben V-förmig erweitert.

Es folgt wieder eine Rundfeile, diesmal jedoch das nächstgrößere Modell. Denn die Kerben sollen ein wenig breiter werden.

Die Kerben werden an beiden Seiten angebracht. Dazu wird das Werkstück umgespannt, denn für Gleichmäßigkeit muss immer aus der gleichen Position heraus gearbeitet werden.

Das fertige Muster im Laguiole-Stil. Es handelt sich um ein für Anfänger sehr gut geeignetes Design, da es kleine Ungenauigkeiten durchaus „verzeiht".

Mit schwarz hinterlegten Kerben ist die Wirkung noch einmal deutlicher.

VARIANTE 3: STILISIERTE WEINRANKE

Eine Erweiterung des zuvor gezeigten Musters ist das hier vorgestellte Design. Darin lassen sich noch einige Anfängerfehler mehr „verstecken“, denn es wirkt auf den ersten Blick wie mit freier Hand gestaltet. Das vorherige Muster muss lediglich etwas breiter angelegt werden und an den richtigen Stellen kleine Einschnitte hinzugefügt werden: Schon entsteht die stilisierte Optik einer Ranke auf dem Klingenrücken. Das macht sich gut zwischen zwei bündig anliegenden Griffschalen, ebenso wie auf dem freien Teil des Klingenrückens.

Für die Weinranke werden die wechselseitigen, halbrunden Kerben verbreitert und etwas weiter auseinander gezogen – also betragen die Abstände diesmal 1,5 cm.

Hier wurden die Abstände mit dünnem Permanentmarker direkt auf den Stahl gezeichnet. Wieder werden die Kerben abwechselnd links und rechts vorgeritzt.

Es folgen die Dreikant-Schlüsselfeile und …

… die kleine Rundfeile. Sie dient aber in diesem Fall ebenfalls nur zum Vorritzen für eine kleine Halbrundfeile.

Mit der Halbrundfeile lassen sich die Kerben breiter anlegen. Dank der größeren Abstände ergibt sich aber trotzdem ein gefälliges Muster.

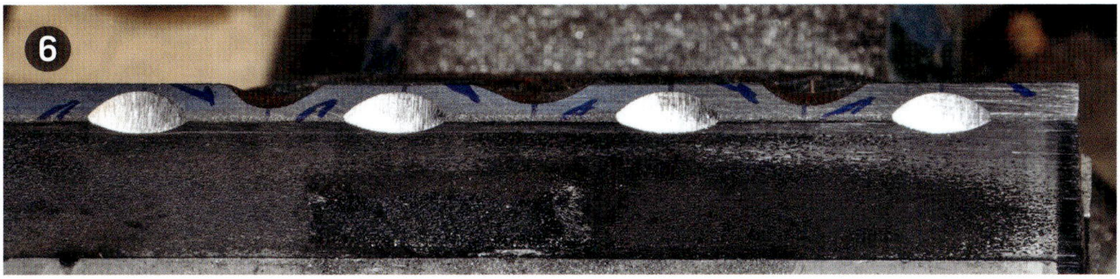

Nun werden auf einer Seite jeweils 3 mm links der halbrunden Kerben kleine, schräge Einschnitte angezeichnet – auf der anderen Seite ebenso, jedoch jeweils rechts der Kerben.

Diese Einschnitte werden nun mit der schräg geführten PUK-Säge vorgeritzt und dann mit der Kante einer halbrunden Schlüsselfeile eingeschnitten. Das erfordert bereits ein bisschen Übung.

Die fertiggestellte Weinranke. Ihr floraler Charakter „verzeiht" kleinere Ungenauigkeiten in der Arbeit, denn eine strenge Symmetrie liegt hier nicht vor.

LEDERSCHEIDE

Leder verarbeiten und besonders nähen ist für viele ein Buch mit sieben Siegeln. Doch das Naturmaterial lässt sich mit ein paar Grundkenntnissen sehr einfach in Form bringen.

Eine Lederscheide ist eine Herausforderung, andererseits aber auch nicht extrem schwierig – vor allem nicht mit einem genau auf Messerscheiden abgestimmten Einsteiger-Set. Wir wollen eine Scheide für das Steckangel-Messer machen, das wir in Projekt 5 gebaut haben. Mit seiner recht simplen Form ist es ein dankbares Objekt.

Ein Messer kann ein kompliziert geformter Körper sein, deshalb ist eine sorgfältige Planung nötig. Vor den eigentlichen Arbeiten am Leder muss eine Papierschablone erstellt werden. Der Zuschnitt sollte mit äußerster Ruhe und Konzentration erfolgen, denn die Klinge will – vor allem bei gekrümmten Schnitten – gerne abwandern. Da wird ein gutes Stück Leder sehr schnell zum Verschnitt-Rest.

Trockenes Leder lässt sich nur bis zu einem bestimmten Radius biegen, bevor es zu reißen beginnt. Zudem hat es ein starkes Rückstellmoment – es will die neue Form nicht beibehalten. Deshalb wird das Leder vor dem Formen für einige Stunden mit Wasser getränkt. Es lässt sich dann auch um engste Radien biegen, und man kann Vertiefungen hineindrücken. Das Rückstellmoment ist, solange das Material feucht ist, nicht mehr vorhanden. Beim Trocknen zieht sich das Leder jedoch wieder ein wenig zusammen und strebt in seine alte Form zurück. Deshalb muss es vor dem Trocknen festgespannt werden, damit es in der gewünschten Form verbleibt.

Beim Spannen ist große Sorgfalt erforderlich – vor allem bei einer Köcherscheide im skandinavischen Stil, die stark an den Griff angepasst ist. Im Bereich des Übergangs vom Griff zur Klinge wollen wir einen starken Absatz formen, um dem Messer einen guten Sitz in der Scheide zu verleihen.

Wir wollen die Scheide mit einer echten Sattlernaht vernähen. Um dieser Naht eine besondere Festigkeit zu geben, wollen wir die Fäden, dort wo sie sich in den Nahtlöchern begegnen, auch noch miteinander verdrillen. Dadurch öffnet sich die Naht auch dann nicht, wenn die Fäden beschädigt werden. Es sollte gewachster Faden verwendet werden, denn die klebrige Beschichtung fördert das Verdrillen und gibt der Naht zusätzliche Festigkeit.

MATERIAL UND WERKZEUGE

MATERIAL AUS DEM FACHHANDEL

1 x „Leder nähen Starter Set II", ca. EUR 60,-

1 x Kantenversiegelung (etwa „Fiebing's Gum Tragacanth"), ca. EUR 7,- beides erhältlich bei www.rickert-werkzeug.de

MATERIAL AUS DEM BAUMARKT

2 – 3 x hölzerne Möbelgriffe, je ca. EUR 5,-

2 – 3 x Gewindeschrauben M6 x 80 mm, ca. EUR 2,- (40 Stück)

4 – 6 x Unterlegscheiben M6, ca. EUR 1,- (40 Stück)

MATERIAL AUS DER DROGERIE

1 x Hornhauthobel mit Ersatzklingen, ca. EUR 10,-

BENÖTIGTE WERKZEUGE

- Reißnadel, 2H-Bleistift oder Fineliner
- Stahllineal
- Messschieber
- Winkel
- Lochpfeife 6 mm
- Bohrmaschine
- Bohrer 6 mm
- Metallsäge
- Rundfeile
- scharfes Messer (bspw. Ledermesser oder Taschenmesser)

Das „Starter Set II" von Rickert enthält fast alles, was zum Bau einer einfachen Köcherscheide erforderlich ist.

Zum Entwerfen einer Schablone für den Lederzuschnitt legen wir das Messer auf ein Blatt kräftiges Papier und übertragen seinen Umriss darauf.

Im Bereich der Schneide wird etwa einen Zentimeter breit die Lage des Keders eingezeichnet (schraffierte Fläche). Dieser schmale Lederstreifen schützt später die Naht vor der Schneide.

Einsteiger können entlang des Keders noch einmal einen guten Zentimeter Material hinzugeben, denn wenn das Leder nass um das Messer geformt wird, kann schnell etwas verrutschen.

Die Kontur wird unten ausgeschnitten. Im Bereich des Messerrückens wird die Stärke des Griffs – an seiner dicksten Stelle gemessen – hinzugezeichnet (schraffierter Bereich).

Exakt in der Mitte des zuletzt eingezeichneten Bereichs wird nun umgefaltet und die zugeschnittene Kontur auf die andere Seite übertragen. Nun zeichnen wir noch einen langen Streifen für die Gürtelschlaufe ein.

Die Schablone wird fertig ausgeschnitten. Wir wickeln sie gleich mal probeweise um das Messer, um den Sitz der späteren Scheide zu simulieren.

Die Kontur der Scheide wird nun sorgfältig mit dem Filzstift auf das Leder übertragen.

Jetzt wird die Scheide zugeschnitten – das geht auch mit einem scharfen Taschenmesser. An „scharfen Ecken", wie am Ansatz der Gürtelschlaufe, stanzt man zuvor runde Löcher ein. Das ergibt einen sanften Übergang.

Um das Leder an die Konturen des Messers anzupassen, wird es etwa drei Stunden lang in lauwarmes Wasser gelegt.

Da das Messer mehrere Tage lang dem nassen Leder ausgesetzt sein wird, muss man es vor der Feuchtigkeit schützen: Gut eingeölt wird es in Frischhaltefolie eingewickelt.

Das Leder wird um das Messer geschlagen und zunächst im Bereich der Klinge gepresst. Achtung: Druckstellen lassen sich nie wieder entfernen – daher muss man Andruckhölzer mit Zwischenlagen abpolstern!

Besonders im Bereich des Griffs sollte das Leder gut strammgezogen und gespannt werden. Die Gürtelschlaufe wird umgeschlagen und ebenfalls festgespannt.

13 An einem nicht zu warmen Ort sollte die Scheide mindestens drei Tage lang langsam trocknen. Hier die fertig ausgeformte Scheide nach dem Trocknen.

Vor der Hauptnaht wird die Gürtelschlaufe angenäht, denn dieser Bereich ist später nicht mehr zugänglich. Zur Vorbereitung wird die untere Kante der Schlaufe sauber halbrund geschnitten.

Mit dem Nahtversenker zeichnen wir zwei parallele Nähte an (links). Mit dem Prickrad wird der Nahtabstand markiert.

Mit der Schwertahle stechen wir die Nahtlöcher durch beide Lederschichten vor. Ein in die Scheide eingeschobener Hammerstiel dient dabei als Unterlage.

Vor dem Vernähen der Gürtelschlaufe müssen noch ihre Kanten poliert werden. Dazu wird Kantenversiegelung aufgetragen und an hölzernen Polierkörpern poliert. Diese lassen sich aus Möbelgriffen und Gewindeschrauben leicht selbst herstellen.

Jetzt wird die Gürtelschlaufe mit einer Sattlernaht vernäht (die Nahttechnik wird bei der Hauptnaht ab Bild Nr. 28 auf der folgenden Doppelseite erläutert).

Aus der Papierschablone schneiden wir nun die schraffierte Vorlage des Keders aus und schneiden diesen aus einem Lederrest zu.

Der Keder wird nun mit der einen Seite an entsprechender Stelle in die Scheide geklebt ...

... und das überstehende Leder der Maßzugabe entlang der Außenkante des Keders abgeschnitten.

Jetzt kann auch die andere Seite des Keders verklebt werden – die Scheide ist damit geschlossen.

Auch die andere Scheidenfläche wird entlang des Keders zurechtgeschnitten.

Die Scheide wird nun auch im Griffbereich verklebt – mit eingesetztem Messer, um dessen korrekten Sitz in der Scheide zu gewährleisten.

Die Scheide ist nun komplett verklebt und für das Vernähen vorbereitet.

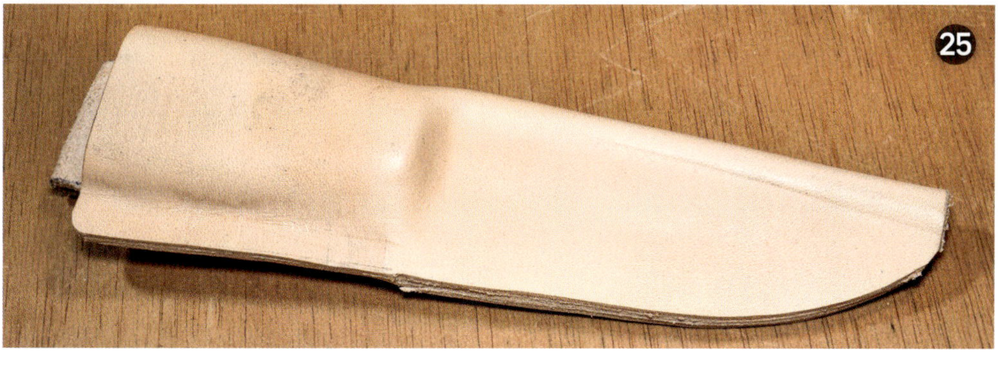

Mit dem Nahtversenker wird zunächst die Nahtlinie angezeichnet.

Mit dem Prickrad markieren wir den Abstand der Löcher.

Mit der Schwertahle werden die Nahtlöcher vorgestochen. Die entstehenden rautenförmigen Löcher sollten im 45-Grad-Winkel zur Nahtlinie stehen.
Achtung: Die Ahle exakt senkrecht führen, damit die Nahtlöcher auch auf der Unterseite genau in der Linie verlaufen!

Für die Sattlernaht wird ein Nähfaden an beiden Enden mit einer Nadel versehen. Die Länge des Fadens sollte in etwa das Vierfache der Nahtlänge betragen. Jeder Stich muss immer von der gleichen Seite begonnen werden – wir machen das von links.

Ist die Nadel von links komplett durch das Loch durchgezogen, wird die rechte Nadel von unten her kommend über Kreuz mit ihr gelegt. An dieser Stelle ist absolute Genauigkeit erforderlich, damit am Ende eine gleichmäßige Stichfolge entsteht!

Die rechte Hand dreht nun die überkreuzten Nadeln so weit, dass die untere (rechte) Nadel in das gleiche Loch einsticht, und zwar in Blickrichtung vor dem anderen Faden. Die Nadel darf den anderen Faden nicht durchstechen, da sich die Naht sonst nicht festziehen lässt!

Den nächsten Stich beginnt wieder die nunmehr links vom Werkstück liegende Nadel, indem sie nach rechts durch das nächste Loch geführt wird.

Auf der rechten Seite werden die Nadeln wieder gekreuzt, in die gleiche Richtung wie zuvor verdreht und mit der anderen Nadel durch das gleiche Loch zurückgestochen.

Am Ende der Naht wird zwei bis drei Stiche weit noch einmal zurückgenäht („der Faden verstochen"). Nach den drei doppelt geführten Stichen können die Fäden einfach bündig abgeschnitten werden, denn die Naht kann sich dort nicht mehr lösen.

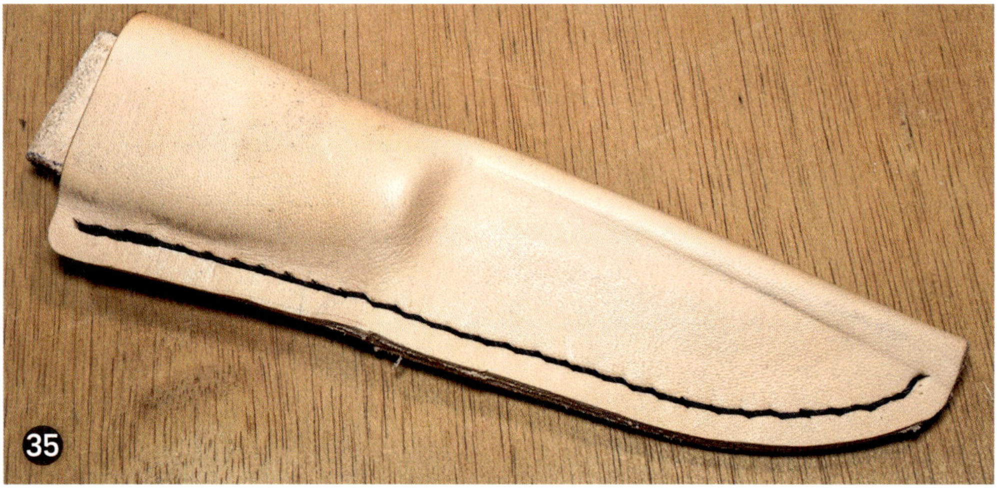

Die Scheide ist damit fertig vernäht. Jetzt muss nur noch die ungleichmäßige Kante versäubert werden.

Die Kante von mehrschichtigem Leder lässt sich gut mit einem Hornhauthobel aus dem Drogeriemarkt begradigen! Dann wird mit Schleifpapier geglättet.

Wir tragen Kantenversiegelung auf und polieren die Kante an einem rotierenden Holzkörper – jetzt mit breiterer Rille.

Zur Fertigstellung sollte die Scheide geölt oder gewachst werden, denn das Wässern hat dem Leder viele fettige Inhaltsstoffe entzogen.

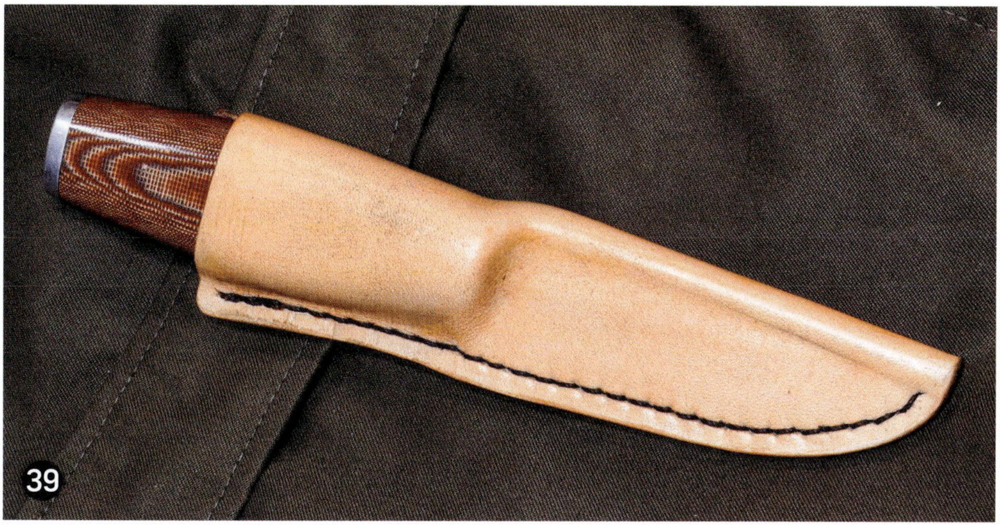

Das ungefärbte Rohleder passt gut zu rustikaler Jagdkleidung und nimmt durch den Gebrauch rasch eine schöne Patina an.

KYDEX-SCHEIDE

Aus Bastlersicht sind Kydex-Scheiden sehr interessant, weil der thermoplastische Kunststoff im Gegensatz zu Leder als klassischem Scheidenmaterial recht unkompliziert zu verarbeiten ist. Mit ein wenig Übung lassen sich Scheiden aus Kydex sehr schnell herstellen. Dennoch zögern viele Hobby-Messermacher, den ersten Versuch mit diesem Material zu wagen. Ein guter Rat kann hier daher nur lauten: Einfach ausprobieren! Im Vergleich zu hochwertigen Kernledersorten ist Kydex günstig zu erwerben. Ein misslungener Versuch stellt somit keinen großen Kostenfaktor dar.

Wer gerne üben will oder einfach für Projekte ohne Schönheitsanspruch ein extrem preisgünstiges Material sucht, für den empfiehlt sich „Koffer-Kydex“: Alte Hartschalenkoffer bieten eine große Menge an Kydex-ähnlichem Material. Die Wände von mittelgroßen bis großen Hartschalenkoffern haben meistens eine Stärke von knapp 2,5 Millimetern und sind damit deutlich stabiler als die im Handel erhältlichen Kydex-Platten mit durchschnittlich 1,5 Millimetern. So ist das „Koffer-Kydex“ für die Scheiden von großen Outdoormessern, Macheten oder Beilen besser geeignet. Leider ist bei gebrauchten Koffern die Oberfläche meist verkratzt. Wer damit leben kann, findet in „Koffer-Kydex“ eine sehr gute Materialquelle zum Nulltarif.

Als praktische Werkzeuge für die Verarbeitung von Kydex haben sich eine Presse und Werkzeuge für die Nieten erwiesen. Die Presse erleichtert das Anpassen des Kydex an die Messerform doch deutlich. Mit den nachfolgenden Projekten kann man diese Tools ganz einfach selber machen. Im Anschluss bauen wir eine erste Scheide, und zwar für das Flachangelmesser, dessen Herstellung wir in Projekt 4 beschrieben haben. Im Prinzip soll es eine klassische, gefaltete Köcherscheide werden, und lediglich die Gürtelschlaufe wird für die Innenbund-Trageweise optimiert.

Bei der Bearbeitung von Kydex muss man vorsichtig und behutsam vorgehen: Die Oberfläche zerkratzt relativ leicht. Das ist bei Leder auch nicht anders, jedoch wird zerschrammtes Leder eher als stilvolle „Gebrauchs-Patina“ wahrgenommen. Wenn man bei Kydex mit Werkzeug oder Schleifmittel abrutscht, entsteht im schlimmsten Fall ein Kratzer auf der „guten“ Seite, der sich nicht rückstandsfrei wieder entfernen lässt. Die lederartig geprägte Oberflächenstruktur verzeiht keine solchen Fehler.

Manche Kydex-Profis verwenden als Wärmequelle eine Heißluftpistole und erzielen damit sehr gute Ergebnisse. Viele Kydex-Gestalter – vor allem Einsteiger – ziehen jedoch einen Backofen vor, weil dieser das Material rundum gleichmäßig erhitzt. Die Temperatur ist regelbar, und es lassen sich so wiederholbar gleiche Bedingungen erzeugen. Die Heißluftpistole dient nur zum punktuellen Erhitzen oder für Korrekturen.

Kydex sollte aber nicht in einem Backofen erhitzt werden, der auch zur Zubereitung von Lebensmitteln dient. Denn der Kunststoff setzt beim Erhitzen Gase frei, und Schadstoffe können sich im Ofen festsetzen. Preisgünstige Mini-Backöfen erhält man oft schon ab 40 Euro. Sie nehmen in der Werkstatt nicht viel Platz weg und sind für den erforderlichen Temperaturbereich von 120 bis 150 Grad Celsius gut geeignet. Allerdings lassen sich mit ihnen nur Scheiden für Messer bis etwa 15 Zentimeter Klingenlänge bauen – für größere Modelle ist der Innenraum zu klein. Bei vielen Mini-Backöfen gehören nur ein Rost und ein gerilltes Backblech zum Lieferumfang. Für Kydex ist aber eine flache Auflage nötig, damit das Material während des Erhitzens nicht wellig wird – das bleibt später auf der Oberfläche als glänzende Stellen sichtbar. Daher ist es empfehlenswert, sich ein passendes „Kydex-Backblech“ aus Blech zu sägen. Auch ein Ofenthermometer ist hilfreich, um die Temperatur im Ofen mit der Realität abzugleichen – gerade bei den günstigen Mini-Backöfen sind Regler-Angaben oft nur ungefähre Werte.

Die technischen Eigenschaften von Kydex-Kunststoffen können sich je nach Hersteller unterscheiden, weshalb sich jeder Bearbeiter mit seinem jeweiligen Gerät an die richtige Temperatur herantasten sollte – und zwar von unten! Denn überhitztes Kydex zeigt glänzende Stellen oder sogar Bläschen an der Oberfläche – es beginnt zu schmelzen und ist damit unbrauchbar.

Zu Anfang sollte die Temperatur auf 110 bis 120 Grad eingestellt und das Material für etwa zehn Minuten erhitzt werden. Dann wird mit der behandschuhten Hand eine Ecke angehoben und die Geschmeidigkeit überprüft. Das Kydex muss weich sein, etwa wie ein nasses Schwammtuch, damit es sich in der Presse gut um den abzuformenden Gegenstand schmiegen kann. Umgangssprachlich trifft das Wort „labberig“ den erwünschten Zustand sehr genau.

Kydex ist ein gut geeignetes Material für Anfänger, jedoch gibt es einige Knackpunkte, die beachtet werden wollen.

HILFSMITTEL 1: DIE KYDEX-PRESSE

Eine Kydex-Presse stellt eine sehr einfache Bastelei dar. Die Basis dafür sind zwei Platten aus möglichst hitzebeständigem Schaumgummi. Diese sind im Messermacher-Bedarf erhältlich. Preisbewusste Bastler können alternativ Stücke einer alten Yoga- oder Camping-Isomatte nutzen. Sie sind aber weniger langlebig und müssen ungefähr nach der zehnten Messerscheide gewechselt werden. Jedoch ist das für einen Hobby-Messermacher, der nur zwei- bis dreimal im Jahr eine Kydex-Scheide fertigt, trotzdem ein gangbarer Weg. Eine alte Campingmatte liefert für viele Jahre Rohstoff für Kydex-Pressen.

Außerdem bieten alternative Schaumstoffe auch die Möglichkeit, den Belag der Presse an das Volumen des Messers anzupassen: Das durch Erhitzen weich gewordene Kydex legt sich beispielsweise um ein großes Outdoormesser mit voluminösem Kratongriff je nach Belag der Presse anders als um ein flaches Neck-Knife mit Skelettgriff.

Bei dem Bau der Presse muss man sich für eine Größe entscheiden. Diese ist natürlich abhängig von der Durchschnittsgröße der Messer, für die die Scheiden gedacht sind. Ist die Wahl getroffen, schneidet man zwei Platten aus 19 Millimeter starkem Multiplex zu und belegt diese anschließend mit dem Schaumgummimaterial.

Sicherlich ist es möglich, das obere und untere Brett der Presse bei jedem Gebrauch einfach lose aufeinanderzulegen und zu pressen. Allerdings gilt

Mit einer Presse dieser Bauart gestaltet sich das Arbeiten mit Kydex sehr entspannt.

es dann exakt darauf zu achten, dass beim Aufsetzen der Schraubzwingen die beiden Teile nicht gegeneinander verrutschen. Es ist daher empfehlenswert, die Ober- und Unterseite durch ein Scharnier zu verbinden.

Wenn die beiden Bretter direkt mit Scharnieren oder Klavierband aneinander befestigt würden, träfen die beiden Schaumgummiplatten beim Schließen der Presse schräg aufeinander. Folglich würde das Pressgut nur ungleichmäßig zusammengedrückt werden, weil der Schaumgummi in dem Moment, in dem er sich nahe bei den Scharnieren bereits berühren würde, am äußersten Rand immer noch weiter auseinander stände. Um das zu verhindern, muss scharnierseitig jeweils eine Holzleiste befestigt werden, die in etwa halb so stark wie der verwendete Schaumgummi ist. Die Leisten werden am Rand der Bretter befestigt, entweder aufgeleimt oder geschraubt.

MATERIAL UND WERKZEUGE

MATERIAL AUS DEM FACHHANDEL

2 x hitzebeständige Schaumgummi-Platte, ca. 300 x 200 x 25 mm,
ca. EUR 20,-
erhältlich bei www.joes-messershop.de

MATERIAL AUS DEM BAUMARKT

2 x Multiplex-Sperrholz, ca. 300 x 250 x 18 mm, ca. EUR 12,-
2 x Holzleiste, ca. 300 x 50 x 15 mm, ca. EUR 3,-
16 x Holzschraube 3,5 x 25 mm (50 Stück), ca. EUR 3,-
1 x Holzleim, ca. EUR 3,-
1 x Heißkleber, ca. EUR 3,-

BENÖTIGTE WERKZEUGE

- Bleistift
- Zollstock
- Winkel
- Holzsäge
- Heißklebepistole
- Bohrmaschine
- Bohrer 2,5 mm
- Schraubendreher
- Schraubzwingen

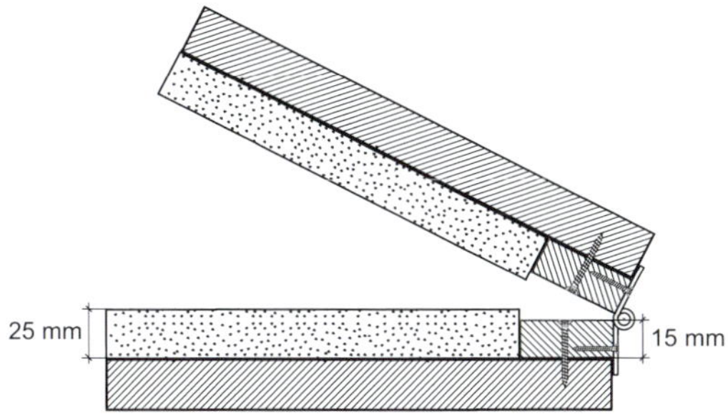

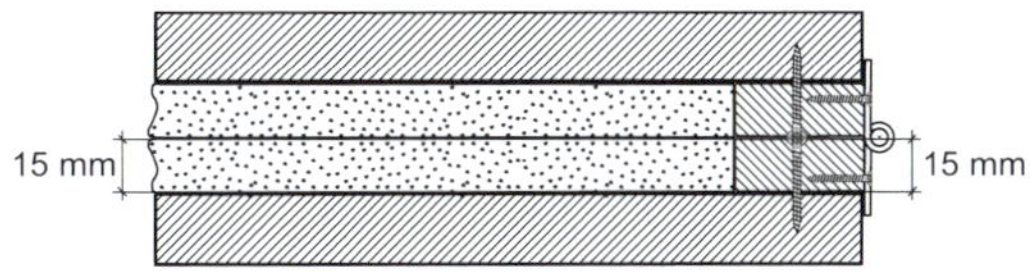

Der Schaumgummi muss etwas stärker sein als die Abstandhalter, damit bei geschlossener Presse die Flächen parallel zueinander stehen und trotzdem bereits Druck aufgebaut ist.

Die nötige Stärke des Schaumgummis hängt von seiner Dichte ab. Bei festem Material kann ein Drittel Überstand reichen, bei sehr weichem Material kann er doppelt so stark wie die Abstandhalter sein.

Hitzebeständiger Schaumgummi ist für die Presse am besten geeignet.

Um die Abstandhalter an den Platten zu befestigen, werden zunächst je zwei Bohrungen an den Leisten angebracht.

Es ist empfehlenswert, zusätzlich zur Verschraubung auch Holzleim zu verwenden.

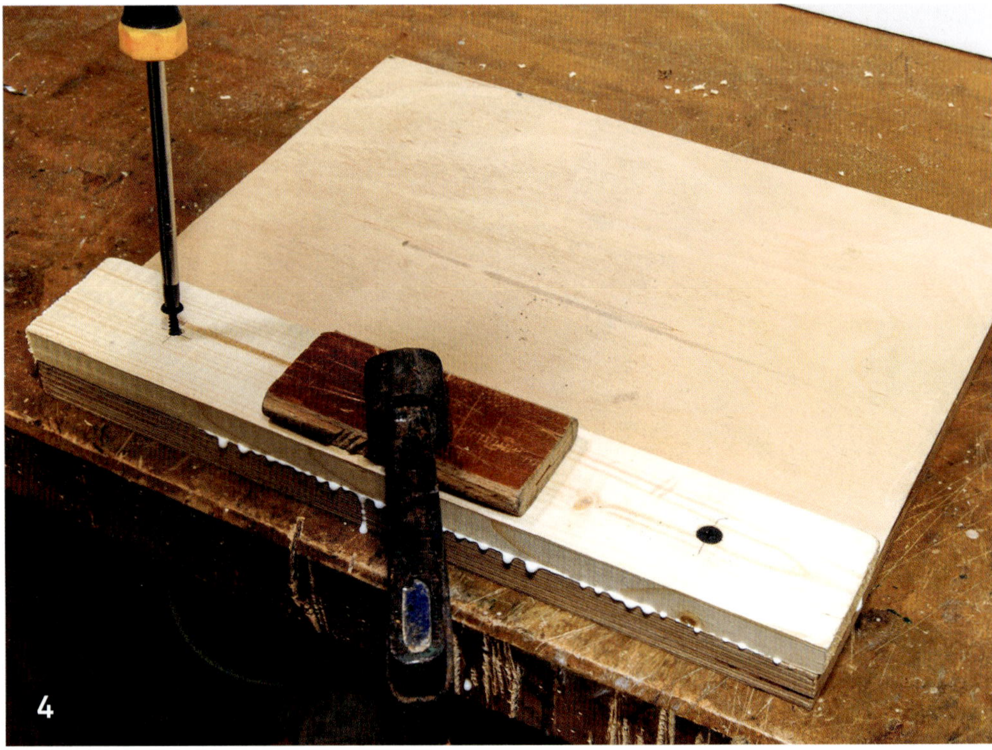

Mit einer Schraubzwinge wird die Leiste auf das Brett gespannt und dann verschraubt.

Die beiden Hälften werden – ohne Schaumgummi – in geschlossener Position zusammengespannt, die Scharniere aufgelegt und die Bohrungen angerissen und vorgebohrt. Dann werden die Scharniere verschraubt.

Im nächsten Schritt werden die Schaumgummi-Auflagen aufgeklebt – das funktioniert mit Heißkleber ganz einfach.

7

Die fertiggestellte Presse – bereit zur Herstellung der ersten Kydex-Scheide.

Zweischichtige Konstruktion für besonders voluminöse Stücke: Die Kombination aus festerem Unterbau (alte Campingmatte) und weicher Oberfläche (Matratze) sorgt für sehr gute Ergebnisse.

HILFSMITTEL 2: NIETWERKZEUGE

Kydex-Scheiden lassen sich einfach verschrauben. Wer aber eine dauerhafte Verbindung will, sollte die Scheide vernieten. Dafür kommen Hohlnieten zur Anwendung: Röhrenförmige Hülsen, die an beiden Enden aufgebördelt werden, bis eine Presspassung erzielt wird.

Hohlnieten für Kydex-Scheiden erhält man samt der entsprechenden Schlagstempel fertig im Messermacher-Bedarf. Sie lassen sich aber auch selbst herstellen: Ausgangsmaterial ist dünnwandiges Messingrohr.

Zum Anfertigen der ersten Bördelung ist es hilfreich, sich eine Matrize zu basteln. Dazu nimmt man ein Stück Flachstahl, das der Stärke der Kydex-Schichten plus drei Millimeter entspricht: bei zwei Schichten Kydex zu je 1,5 Millimeter also Flachstahl von sechs Millimeter Stärke. In diesem Material wird dann eine Bohrung im Außendurchmesser der Hohlnieten plus 0,1 Millimeter angebracht, um das Material besser einführen und wieder entfernen zu können.

In diese Matrize wird eine Hohlniete eingesetzt, die dann noch drei Millimeter nach oben herausragen sollte. Mit einem breiten Körner wird anschließend das überstehende Ende des Röhrchens etwa einen Millimeter weit aufgetrichtert. Dieser Trichter wird mit einigen leichten Hammerschlägen abgeplattet, um dann mit dem selbstgefertigten Schlagstempel eine ringförmige Wulst zu formen.

Jetzt kann die Niete aus der Matrize entfernt und in eine der an der Scheide vorbereiteten Bohrungen eingesetzt werden. Dann müssen noch einmal die gleichen Arbeitsschritte durchgeführt werden wie zuvor beim Formen der ersten Bördelkante in der Matrize.

Diese Werkzeuge bauen wir uns für das Anbringen der Hohlnieten: Links eine Schneidlehre zum Ablängen der Nieten, daneben oben eine Matrize zum Anbringen der ersten Bördelung, darunter eine Auflage für die fertig gebördelte Unterseite und rechts zwei Schlagstempel.

MATERIAL UND WERKZEUGE

MATERIAL AUS DEM BAUMARKT

1 x Flachstahl, ca. 30 x 50 mm (als Schlagmatrize), Meterware, ca. EUR 4,- (die Stärke muss der Gesamtstärke des zu vernietenden Kydexmaterials plus 3 mm entsprechen)
2 x Rundstahl 50 x 10 mm (für die Schlagstempel), Meterware, ca. EUR 7,-
1 x Baustahl oder anderes Metall (für den Körper der Schneidlehre), ca. 40 x 25 x 15 mm, beispielsweise aus Hammerkopf, ca. EUR 4,-
1 x Schraube M8 x 40 (als Stellschraube der Schneidlehre), ca. EUR 1,-
1 x Schraubenmutter M8 (50 Stück; als Kontermutter der Schneidlehre), ca. EUR 4,-
1 x Baustahl, ca. 30 x 30 x 15 mm, rund oder rechteckig (als Unterlage), beispielsweise aus Hammerkopf, ca. EUR 7,-
1 x Rundstab 20 x 5 mm, Alu, Messing oder Stahl (als Führungsstift für die Unterlage), Meterware, ca. EUR 7,-

BENÖTIGTE WERKZEUGE

- Reißnadel
- Stahllineal
- Messschieber
- Winkel
- Metallsäge
- Bohrmaschine
- Bohrer 5 mm, 6 mm, 6,8 mm
- alter Holzbohrer 8 mm mit Zentrierspitze
- alter Bohrer, um Drehstahl daraus zu schleifen
- Feile
- Hammer

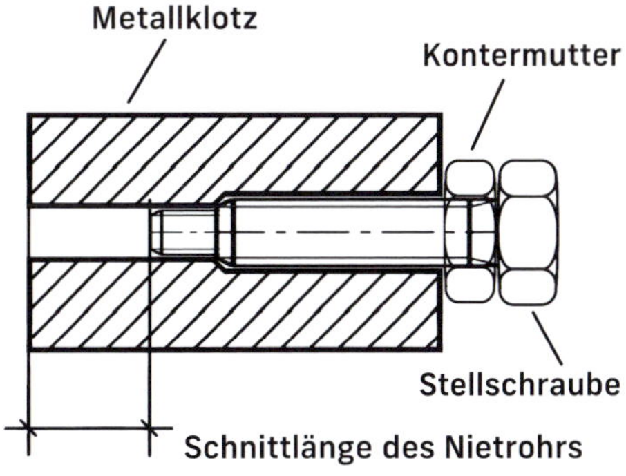

Die Schneidlehre für Hohlnieten: Durch Verstellen der Schraube (rechts) kann die Tiefe des Lochs (links) stufenlos angepasst werden.

WERKZEUG 1: DIE SCHNEIDLEHRE

Ein Metallklotz wird zurechtgeschnitten. Die Maße ergeben sich aus dem Rohr, das geschnitten werden soll. Entsprechend dessen Durchmessers wird mittig eine Bohrung angebracht (hier 6 mm).

Zur Hälfte wird die Bohrung auf den Kerndurchmesser des nächstgrößeren Gewindes aufgebohrt (hier 6,8 mm für das Gewinde M8), das am besten gleich mit der von Hand gedrehten Ständerbohrmaschine eingeschnitten wird – so sitzt die Schraube später auf jeden Fall lotrecht im Klotz.

An einer Schraube M8 wird die Spitze entsprechend des Bohrungsdurchmessers von Hand dünner gefeilt. Hier kann ruhig ein Millimeter mehr weggenommen werden, damit bei möglichen Ungenauigkeiten nichts klemmt.

Die fertige Schneidlehre vor dem Zusammensetzen.

WERKZEUG 2: DER KÖRNER

Zum Auftrichtern des Nietröhrchens ist ein großer Körner erforderlich. Da Körner der benötigten Größe nicht überall erhältlich sind, kann es einfacher sein, ihn sich aus Baustahl selbst anzufertigen.

Einfach ein Stück Rundstahl in die Ständerbohrmaschine einspannen und eine Feile schräg an das sich drehende Werkstück drücken (siehe Projekt 2).

WERKZEUG 3: DER SCHLAGSTEMPEL

Für den Stempel wird in ein Stück Rundstahl mit der Feile, die in den Bohrschraubstock eingespannt ist, ein Absatz eingedreht, der dem Innendurchmesser des Rohrs entspricht.

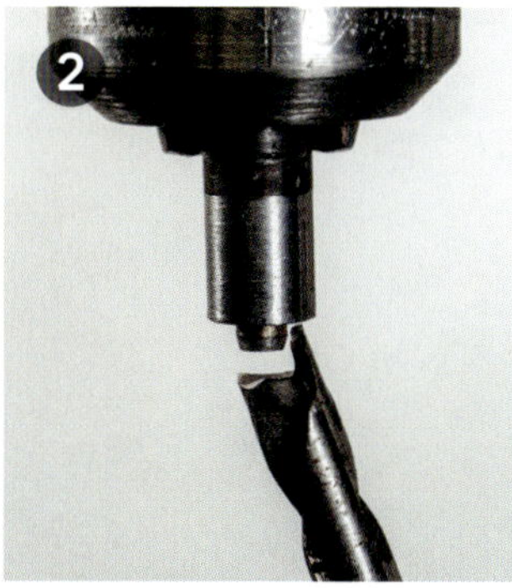

Anschließend wird mit einem Drehmeißel, der aus einem alten HSS-Bohrer geschliffen wird (siehe Projekt 2), die Rille eingeschnitten.

Der Schlagstempel weist nun eine ringförmige Rille auf. Damit kann man den Nietkopf per Hammer zu einer gleichmäßigen Ringwulst formen.

WERKZEUG 4: DIE UNTERLAGE

Die Unterlage ist im Prinzip genauso geformt wie der Schlagstempel. Sie sollte nur etwas breiter sein, um eine bessere Auflage zu bieten. In ein Stück Metall wird eine Bohrung im Innendurchmesser des verwendeten Rohrs angebracht.

Dann wird eine ringförmige Rille eingeschnitten. Dazu wird ein alter Holzbohrer mit Zentrierspitze verwendet – und dabei auch „geopfert“: Die Flanken des Bohrers sind nachher leider zerstört.

Man kann die Unterlage blanko verwenden – besser ist es aber, wenn man noch einen passenden Führungsstift aus weichem Material zurechtfeilt. Er muss zum Innendurchmesser der Hohlnieten passen.

HOHLNIETEN SELBST HERSTELLEN

MATERIAL UND WERKZEUGE

MATERIAL AUS DEM BAUMARKT

1 x Alu- oder Messingrohr, 6 x 0,5 mm, Meterware, ca. EUR 5,-

BENÖTIGTE WERKZEUGE

- selbstgebaute Schneidlehre
- selbstgebauter Körner
- selbstgebauter Schlagstempel
- selbstgebaute Unterlage
- Metallsäge fein (PUK-Säge)
- Schieblehre

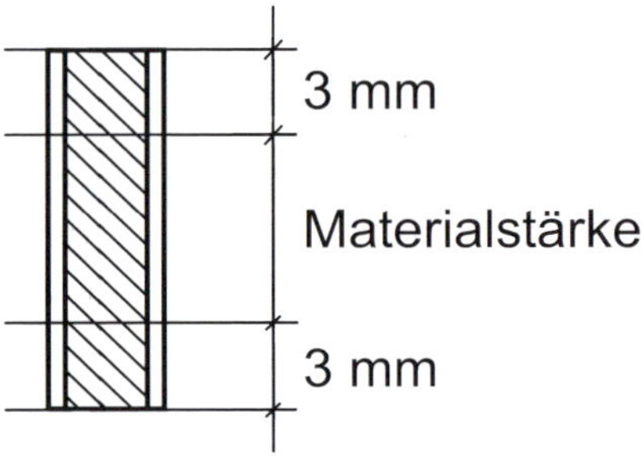

Die korrekte Länge der Nietröhrchen ergibt sich aus der Gesamtstärke des zu verbindenden Materials. Auf jeder Seite sollten 3 mm Überlänge für den Nietkopf dazu gerechnet werden.

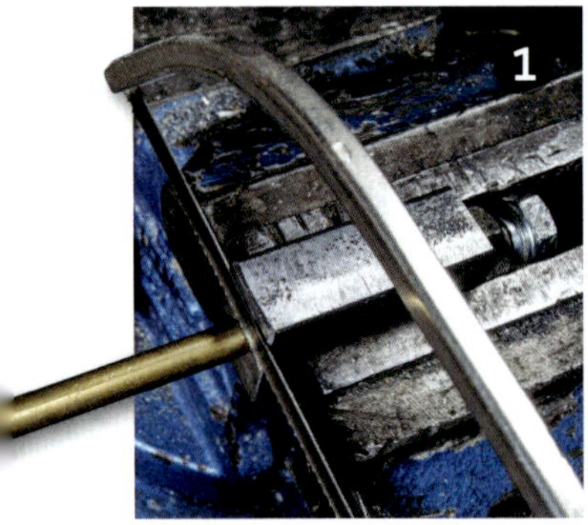

Die Schneidlehre wird mit der Schieblehre auf das richtige Maß eingestellt und in den Schraubstock gespannt. Das Rohr wird bis zum Anschlag hineingeschoben und entlang der Kante abgeschnitten.

Nach ein paar glättenden Feilstrichen kann das fertige Nietröhrchen aus der Lehre entfernt und das nächste zugeschnitten werden. Zunächst muss die passende Anzahl Nieten in exakt gleicher Länge zugeschnitten werden. Achtung: Nicht schief schneiden – das ergibt unregelmäßige Nietköpfe.

Für den oberen Nietkopf wird das Röhrchen in die Matrize eingesetzt, damit es sich nicht aufbaucht. Das eingesetzte Röhrchen muss noch drei Millimeter herausstehen. Mit dem Körner und einigen gefühlvollen Hammerschlägen wird das Röhrchen aufgetrichtert, sodass ein Trichter entsteht.

Anschließend werden mit der Flachseite des Hammers einige – noch gefühlvollere – Schläge direkt auf den Trichterrand geführt, um ihn abzuplatten. Wird der Formstempel mit einigen kräftigeren Hammerschlägen auf den zuvor abgeplatteten Nietkopf getrieben, formt er den Kopf zur gewünschten Ringwulst.

Die Niete kann nun in das Kydex eingesetzt werden. Das Formen des entgegengesetzten Kopfes erfolgt in der gleichen Weise. Man benötigt aber die Unterlage, die verhindert, dass der untenliegende Kopf beim Schlagen deformiert wird.

So ausgestattet, kann die Vernietung nun fertiggestellt werden: Die vorgefertigte Niete wird eingesetzt und die Unterlage (hier verdeckt) darunter gelegt. ➡ Dann wird die Öffnung mit dem Körner aufgetrichtert. ➡ Der Rand wird mit der Flachseite des Hammers abgeplattet. ➡ Die Ringwulst wird mit dem dafür angefertigten Schlagstempel geformt.

DIE KYDEX-SCHEIDE

MATERIAL UND WERKZEUGE

MATERIAL AUS DEM FACHHANDEL

1 x Kydex-Platte 300 x 200 x 2 mm, ca. EUR 15,-
erhältlich bei www.messermachershop.com

MATERIAL AUS DEM BAUMARKT

1 x Messingrohr 6 x 0,5 mm, Meterware, ca. EUR 5,-
1 x Malerkreppband, ca. EUR 3,-

BENÖTIGTE WERKZEUGE

- selbstgebaute Kydex-Presse
- Kydex-Vernietungswerkzeug
- Backofen, Heißluftpistole
- Handsäge
- Bohrmaschine
- Holzbohrer 6 mm
- Schwabbelscheibe
- Schleifpapier
- Schraubzwinge
- Buntstift
- Packpapier
- Backpapier

Das für die Scheide benötigte Material: Ein Blatt Kydex und ein Abschnitt dünnes Messingrohr für die Nieten.

Ein Mini-Backofen reicht aus: Wichtig ist ein gerades Backblech, ein Ofen-Thermometer ist hilfreich.

Das Messer wird in dem Bereich, der später von der Scheide umschlossen ist, mit einer dünnen Lage Krepp beklebt – das ist für die korrekte Passung wichtig, denn der Kunststoff zieht sich beim Erkalten ein wenig zusammen.

Der gewünschte Umriss der Scheide wird grob auf Packpapier angezeichnet. Im Bereich der Schnittkante wird eine großzügige Zugabe von etwa zwei Zentimetern hinzugefügt (schraffiert).

Dann wird das Messer auf die andere Seite gekippt, die angezeichnete Form darüber geklappt, und der Umriss wird nachgezeichnet.

Aus den beidseitigen Markierungen lässt sich die Größe der benötigten Kydex-Platte ableiten.

Weil Papier deutlich dünner als Kydex ist, sollten beim Anzeichnen großzügig ein bis zwei Zentimeter zugeschlagen werden. Für schwarzes Kydex sind Buntstifte sehr gut geeignet.

Der Zuschnitt kann mit jeder feinen elektrischen oder manuellen Säge erfolgen.

Zur Vorbereitung des Pressvorgangs sollten alle benötigten Utensilien bereitgelegt werden: aufgeklappte Kydex-Presse, abgeklebtes Messer und eine – nach Möglichkeit einhändig bedienbare – Zwinge zum Verschließen.

Das Kydex wird im Ofen auf einer Lage Backpapier erhitzt. Sobald es weich ist, muss alles schnell gehen, denn das dünne Material kühlt außerhalb des Ofens recht schnell ab und wird wieder steif.

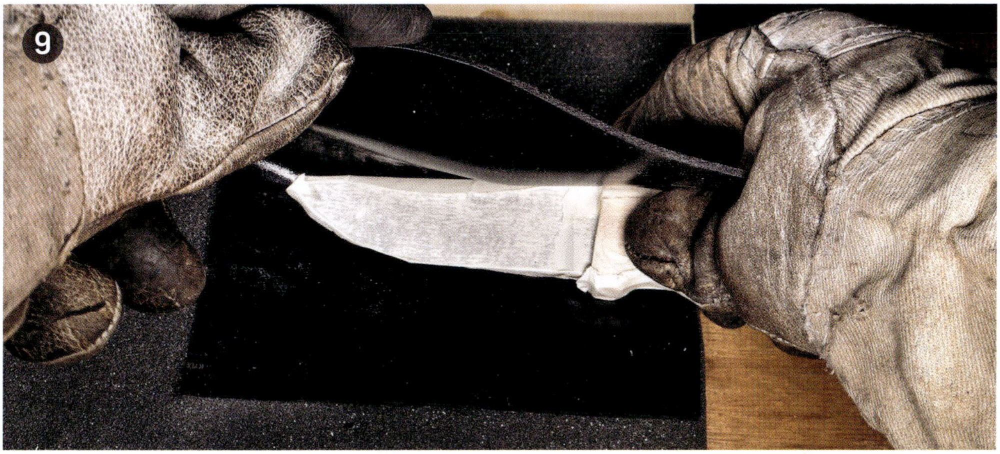

Das Kydex wird mit der schönen Seite nach unten (!) in die Presse gelegt und das Messer darauf positioniert.

Dann wird das Kydex um das Messer herumgeschlagen. Der Messerrücken wird fest in die Falte gedrückt.

Die Presse wird geschlossen und so fest wie möglich von Hand zugedrückt. Diese ersten Sekunden sind entscheidend für eine erfolgreiche Pressung!

Nach diesem ersten, kritischen Moment kann die Zwinge aufgesetzt und die Presse für rund zehn Minuten sich selbst überlassen werden.

Muss der ganze Prozess wiederholt werden? Leichte Wellen wie hier lassen sich mit der Heißluftpistole korrigieren.

Symmetrisch sollte die Scheide jedoch sein. Wären die beiden Schalenhälften unterschiedlich tief geprägt, ließe sich das kaum noch korrigieren.

Wenn sich die beiden Kydex-Lagen gegeneinander verschoben haben, lässt sich das bei großzügigem Material-Anriss oft durch Beschneiden korrigieren. Wenn die gesamte Scheide schief gezogen ist, ist ein kompletter Neustart erforderlich.

Ist die Pressung zufriedenstellend, wird das Messer aufgelegt und in entsprechendem Abstand zur Schneide die Mittellinie der Bohrungen angerissen.

Für die Gürtelschlaufe werden im Bereich des Scheidenmunds zwei Bohrungen mit 2 cm Abstand angezeichnet. Zwischen den anderen Löchern liegen je 3 cm Abstand.

Die Bohrungen werden angekörnt und mit einem 6-mm-Holzbohrer mit Zentrierspitze gebohrt.

Für die Gürtelschlaufe wird ein 2 cm breiter und 20 cm langer Streifen Kydex zurechtgeschnitten und seine Kanten geglättet.

Die Mitte wird angezeichnet und der Streifen mit der Heißluftpistole an dieser Stelle gefaltet.

Eine Holzleiste, deren Breite zu standardmäßigen Gürteln passt, wird an den Kanten gerundet und dient zum Ausformen der Gürtelschlaufe. Die überstehenden Laschen müssen flach und exakt aufeinander liegen, denn an dieser Stelle erfolgt die Vernietung.

22

Scheide und Gürtelschlaufe sind jetzt bereit zum Vernieten.

Mit der Schneidlehre werden Röhrchen für die Nieten zugeschnitten: 2 x 10 mm Länge und 2 x 14 mm Länge.
Für alle Röhrchen gilt: Materialstärke 2 mm plus 2 x 3 mm Materialzugabe.

Wie beschrieben, werden Nieten hergestellt und die Scheide vernietet. Bevor die Gürtelschlaufe befestigt wird, wird die Scheide auf Maß gesägt und die Kanten werden geglättet.

25

Die Befestigungslasche der Gürtelschlaufe wird so weit vorgebogen, dass sie sich noch problemlos vernieten lässt.

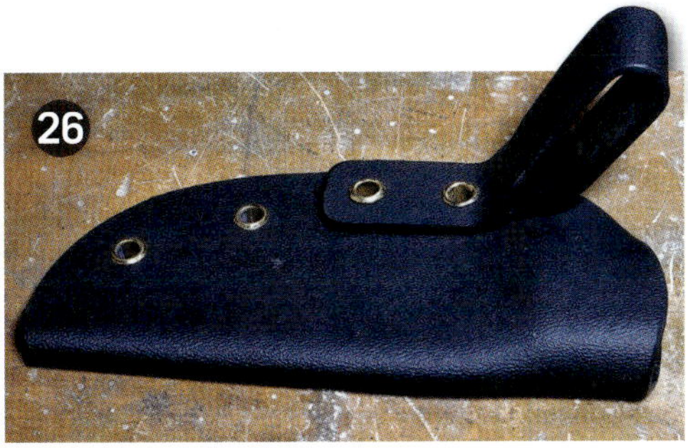

26

Jetzt sind alle Nieten an ihrem Platz, und die Gürtelschlaufe kann mit der Heißluftpistole komplett umgebogen werden.

27

Damit ist die Scheide fertiggestellt und die finale Politur kann beginnen. An der Filzschwabbelscheibe lassen sich verbliebene feine Kratzer an den Kanten leicht auspolieren.

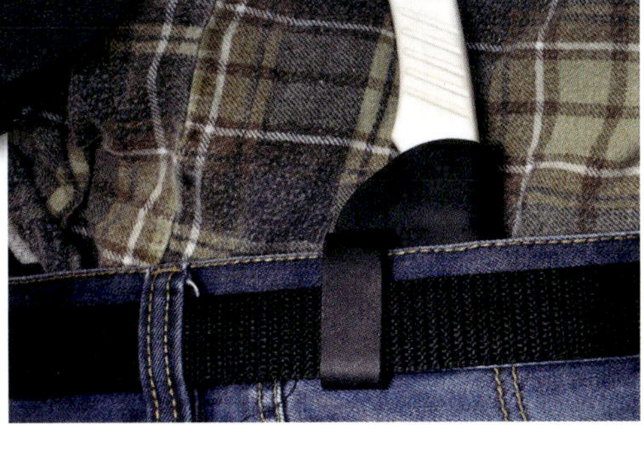

28

Die fertiggestellte Scheide. Die Anordnung der Gürtelschlaufe verleiht der im Innenbund getragenen Scheide einen festen Sitz.

TASCHENMESSER-BAUSATZ

Für viele angehende Hobby-Messermacher ist ein Bausatz der Einstieg. Wie das geht, zeigen wir Schritt für Schritt an den neuen Taschenmesser-Bausätzen von Raffir.

Der dänische Hersteller Raffir ist vielen Messerfreunden für sein breites Spektrum an stabilisierten Hölzern bekannt. Er hat aber auch zwei Taschenmesser-Bausätze mit unterschiedlich gemusterten, rostbeständigen Damastklingen im Angebot. Diese Bausätze sind als elegante Gentleman-Folder ausgelegt und die japanischen Damastklingen (genau genommen handelt es sich bei diesen um einen Suminagashi-Aufbau) wirken sehr edel und überaus dekorativ. Sie sind aber zugleich stabil und weisen durch die Kernlage aus VG-10-Stahl sehr gute Schneideigenschaften auf.

Wir haben mit diesen Bausätzen zwei Projekte mit verschiedenen Griffmaterialien umgesetzt, nämlich einmal ein Paar Griffschalen aus schwarzem Leinenmicarta und einmal Schalen aus einem Block grünem und stabilisiertem Pappelmaserholz von Raffir, das vom Händler Nordisches Handwerk gleich in sechs Millimeter starke Griffschalen aufgeschnitten wurde.

Einsteiger sind mit unkompliziertem Material wie Micarta sehr gut beraten. Dagegen kann stabilisiertes Maserholz etwas „tricky“ sein: Je nach Qualität der Charge können wie bei unbehandeltem Maserholz die Verwachsungen ausbrechen, weshalb die Auswahl des Materials eine gewisse Sorgfalt und Erfahrung erfordert.

Die Taschenmesser-Bausätze liefert Raffir in einer gefälligen Präsentationsbox, in die sich später auch das fertige Messer einsetzen lässt – das ist gut, wenn man sein Werk verschenken oder verkaufen will. Die Bausätze sind ideal für absolute Anfänger im Messerbasteln: Die vormontierten Messer mit Liner-Lock sind im Prinzip gebrauchsfertig und müssen nur noch mit den beiden Griffschalen versehen werden. Wie man an unseren zwei Beispielen sehen kann, bietet das aber immer noch sehr viel Gestaltungsspielraum.

GRIFFSCHALEN AUS RAFFIR-MASERHOLZ

Im Bausatz enthalten ist ein Satz von längeren Achs- und Griffschalenschrauben. So muss man außer dem Griffmaterial nichts mehr zukaufen. Ab Werk ist das Messer – mit kürzeren Schrauben – bereits komplett montiert, sodass es als ultradünner Ganzstahl-Folder bereits ohne jede Baumaßnahme einsatzbereit wäre. Für das erste Projekt haben wir uns für relativ voluminöse Griffschalen aus stabilisiertem Maserholz entschieden, sodass das kleine Messer später auch von großen Händen gut gehalten werden kann.

MATERIAL UND WERKZEUGE

MATERIAL AUS DEM FACHHANDEL

1 x Leinen-Micarta schwarz, Griffschalenpaar 130 x 40 x 3,5 mm, ca. EUR 15,-
1 x Raffir stabilisiertes Pappelmaserholz, 127 x 42 x 25 mm, ca. EUR 40,-
beides erhältlich bei www.nordisches-handwerk.de

1 x KPL Knife Pivot Lube, Heavy gold, 10 ml, ca. EUR 25,-
erhältlich bei www.messerdepot.de

MATERIAL AUS DEM BAUMARKT

1 x Pattex Epoxy-Kleber, Crocodile Power Kraft-Mix, ca. EUR 10,-

BENÖTIGTE WERKZEUGE

- Bohrmaschine
- Schraubstock
- Laubsäge
- Feilen
- Schleifpapier
- Schwabbelscheibe

Die Boxen enthalten die fertig montierten Messer. Es gibt zwei verschiedene Damastmuster.

Hier ist zu sehen, wie lang die mitgelieferten Griffschalenschrauben sind. Auch ein Paar Ersatzkugellager ist enthalten.

Der Liner-Lock-Folder wäre in der gelieferten Form bereits voll einsatzfähig. Alles ist an seinem Platz, Klingengang und Arretierung sind richtig justiert.

1

Das Messer muss zunächst zerlegt werden, um es mit Griffschalen versehen zu können.

Die Platinen dienen als Bohrschablone und „Schnittmuster“. Dazu werden sie auf das Griffmaterial aufgeklebt – die untere dauerhaft mit Epoxidharz, die obere nur mit zwei kleinen Tropfen Sekundenkleber.

Da die Bohrungen in den Platinen 4 mm Durchmesser haben, die Bohrungen für die Griffschalen aber nur 3 mm erfordern, muss der Mittelpunkt mit den Distanzhülsen der Griffschrauben exakt angezeichnet werden.

So soll es aussehen: Die angekörnten Punkte liegen exakt im Mittelpunkt der Bohrungen.

Dann werden sie, eingespannt im Schraubstock unter der Ständerbohrmaschine, präzise gebohrt.

Die Bohrungen für die Griffschalenschrauben müssen auf der anderen Seite auf 4,5 mm aufgebohrt werden, um deren Köpfe etwa 3 mm tief im Material zu versenken. Aufgrund des rund 6 mm starken Raffirs würden sonst die Schrauben nicht greifen.

Auf der Seite der Sperrfeder wird für die Klingenachse mit 4 mm gebohrt. Auf der anderen Seite weist die Bohrung eine Abflachung als Schutz gegen das Mitdrehen auf. Hier wird zunächst nur mit 3 mm vorgebohrt, die Platine entfernt, die Bohrung auf 4 mm erweitert, dann die Platine endgültig mit Epoxidharz aufgeklebt.

Nun wird die Kontur der Griffschalen ausgesägt – wer keine elektrische Bandsäge hat, kann das sehr gut mit einer Laubsäge machen. Beim Sägen 1 bis 2 mm Material überstehen lassen.

Anschließend wird der Materialüberstand mit Feile und Schleifpapier abgetragen. Das Maserholz ist stabilisiert, hat aber weiterhin einen „wildwüchsigen" Faserverlauf – also können Verwachsungen ausbrechen!

An dieser Stelle wird das Messer einmal probeweise zusammengebaut, um zu prüfen, ob alles zusammenpasst. Wenn exakt gebohrt wurde, sollte das kein Problem sein.

Bei der Klingenachse stellen wir fest, dass sie nicht lang genug ist: Die Gewindehülse reicht nicht durch den gesamten Griffkörper.

Aus diesem Grund müssen wir die Bohrungen für die Klingenachse auf beiden Seiten etwa 1,5 mm tief im Durchmesser der Schraubenköpfe aufbohren.

Nun kann mit dem Profilieren der Griffschalen begonnen werden. Da wir eine breite, flache Rundung erzielen wollen, bringen wir mit der Feile zunächst umlaufend eine breite Fase an.

Anschließend werden die entstandenen Kanten durch neue, schmalere Fasen gebrochen und so weiter, bis eine gleichmäßige Rundung entstanden ist.

Beginnend mit Körnung 120 wird Schritt für Schritt mit immer feineren Papieren geschliffen, bis Körnung 800 erreicht ist (oben).
Abschließend wird an der Schwabbelscheibe poliert (unten).

Zur Endmontage werden zunächst die beiden Griffschalenschrauben durch eine der beiden Griffseiten mit den Distanzhülsen verschraubt und der Klingenanschlag eingesteckt.

Dann wird die Klingenachse eingesetzt, eines der beiden Kugellager darauf platziert und eingefettet.

Jetzt wird die Klinge aufgeschoben, das zweite Kugellager eingesetzt und wiederum eingefettet.

Abschließend wird die zweite Griffseite aufgesetzt, die Griffschalenschrauben festgezogen und letztendlich die Klingenachse verschraubt und der Klingengang eingestellt.

Das fertiggestellte Messer.

GRIFFSCHALEN AUS MICARTA

Nachdem wir den ersten Bausatz in einen angenehmen Handschmeichler verwandelt haben, soll das zweite Modell eher minimalistisch werden. Daher verwenden wir hier dünnere Schalen aus schwarzem Leinenmicarta, deren Rand wir nur gerade so weit runden, dass sich das Messer angenehm greifen lässt. Dank der geringen Materialstärke des Micartas müssen die Schrauben hier nicht versenkt werden, sondern können auf der Oberfläche aufsitzen.

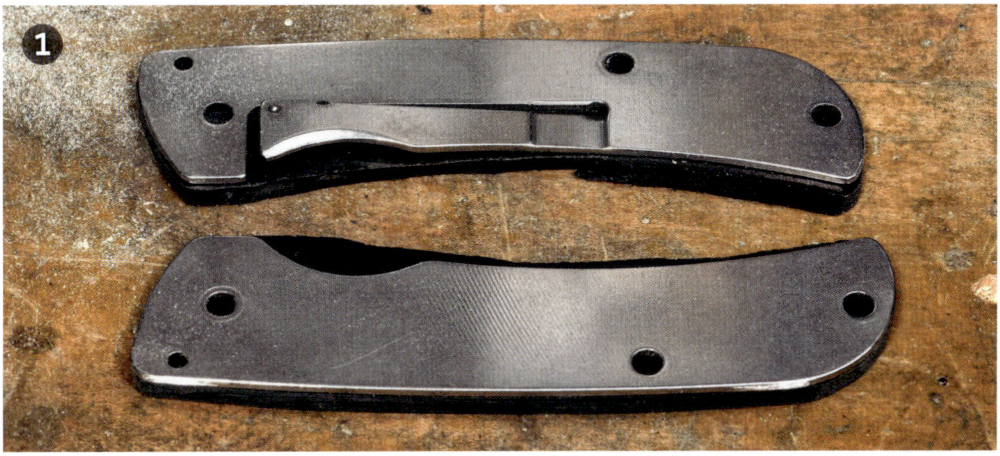

Zunächst verfahren wir genau wie beim ersten Projekt: Die Platinen werden auf die Griffschalen geklebt – die eine zunächst provisorisch, dann wird gesägt, gebohrt und beigeschliffen.

Anders als zuvor wird die Schnittfläche jedoch fein und optisch fehlerfrei geschliffen, da sie später sichtbar bleiben wird.

Nun hat sich eine scharfe Kante gebildet, die der Natur des laminierten Werkstoffs Micarta entsprechend an einigen Stellen schon leicht „ausgefranst" ist.

Wie zuvor wird an dieser Kante eine Fase angebracht, nur dieses Mal bedeutend schmaler und im 45-Grad-Winkel zur Oberseite.

Wieder werden die neu entstandenen Kanten gebrochen, damit eine gleichmäßige Rundung entsteht – in diesem Fall mit sehr viel kleinerem Radius.

Das fertiggestellte Messer nach der Endmontage: Kantig, aber dennoch griffig.

IM VERGLEICH

Die fertigen Messer als hübsches Paar. Der Vergleich der Griffschalenschrauben der beiden fertigen Messer zeigt die unterschiedlichen Platzierungen ihrer Köpfe.

ANHANG

METRISCHES ISO-NORMGEWINDE DIN 13 (AUSZUG)

Gewinde	Durchmesser Kernloch-bohrer	Steigung	Sechskant-Schlüssel-weite	Durchmesser Durchgangs-bohrung für Schrauben	
				fein	mittel
M1	0,75 mm	0,25 mm	2,5 mm	1,1 mm	1,2 mm
M1,1	0,85 mm	0,25 mm	2,5 mm	1,2 mm	1,3 mm
M1,2	0,95 mm	0,25 mm	3,0 mm	1,3 mm	1,4 mm
M1,4	1,10 mm	0,30 mm	3,0 mm	1,5 mm	1,6 mm
M1,6	1,25 mm	0,35 mm	3,0 mm	1,7 mm	1,8 mm
M2	1,60 mm	0,40 mm	4,0 mm	2,2 mm	2,4 mm
M2,2	1,75 mm	0,45 mm	4,5 mm	2,4 mm	2,6 mm
M2,5	2,05 mm	0,45 mm	5,0 mm	2,7 mm	2,9 mm
M3	2,50 mm	0,50 mm	5,5 mm	3,2 mm	3,4 mm
M3,5	2,90 mm	0,60 mm	6,0 mm	3,7 mm	3,9 mm
M4	3,30 mm	0,70 mm	7,0 mm	4,3 mm	4,5 mm
M5	4,20 mm	0,80 mm	8,0 mm	5,3 mm	5,5 mm
M6	5,00 mm	1,00 mm	10,0 mm	6,4 mm	6,6 mm
M8	6,80 mm	1,25 mm	13,0 mm	8,4 mm	9,0 mm
M10	8,50 mm	1,50 mm	17,0 mm	10,5 mm	11,0 mm
M12	10,20 mm	1,75 mm	19,0 mm	13,0 mm	13,5 mm
M14	12,00 mm	2,00 mm	22,0 mm	15,0 mm	15,5 mm
M16	14,00 mm	2,00 mm	24,0 mm	17,0 mm	17,5 mm

UMRECHNUNG ZOLL IN MILLIMETER

Zoll Bruchwert	Zoll Dezimalwert	Metrisch (mm)
1/64"	0,016"	0,397 mm
1/32"	0,031"	0,794 mm
1/16"	0,063"	1,587 mm
1/8"	0,125"	3,175 mm
1/4"	0,250"	6,350 mm
3/8"	0,375"	9,525 mm
1/2"	0,500"	12,700 mm
5/8"	0,625"	15,875 mm
3/4"	0,750"	19,050 mm
7/8"	0,875"	22,225 mm
1"	1,000"	25,400 mm
1 1/4"	1,250"	31,750 mm
1 1/2"	1,500"	38,100 mm
1 3/4"	1,750"	44,450 mm
2"	2,000"	50,800 mm
2 1/4"	2,250"	57,150 mm

Zoll Bruchwert	Zoll Dezimalwert	Metrisch (mm)
2 1/2"	2,500"	63,500 mm
2 3/4"	2,750"	69,850 mm
3"	3,000"	76,200 mm
3 1/4"	3,250"	82,550 mm
3 1/2"	3,500"	88,900 mm
3 3/4"	3,750"	95,250 mm
4"	4,000"	101,600 mm
4 1/4"	4,250"	107,950 mm
4 1/2"	4,500"	114,300 mm
4 3/4"	4,750"	120,650 mm
5"	5,000"	127,000 mm
6"	6,000"	152,400 mm
7"	7,000"	177,800 mm
8"	8,000"	203,200 mm
9"	9,000"	228,600 mm
10"	10,000"	254,000 mm

TABELLE DER GEBRÄUCHLICHSTEN METALLE IN INDUSTRIE UND TECHNIK

Metall	Chemisches Symbol	Dichte (g/cm³)	Schmelzpunkt (°C)	Siedepunkt (°C)
Aluminium	Al	2,70	660	2.519
Antimon	Sb	6,69	631	1.635
Blei	Pb	11,34	328	1.750
Chrom	Cr	7,14	1.907	2.482
Eisen	Fe	7,86	1.538	2.862
Gold	Au	19,32	1.064	2.970
Kobalt	Co	8,90	1.495	2.900
Kupfer	Cu	8,92	1.085	2.562
Magnesium	Mg	1,74	650	1.110
Mangan	Mn	7,43	1.246	2.100
Molybdän	Mo	10,20	2.623	4.612
Nickel	Ni	8,91	1.455	2.730
Niob	Nb	8,57	2.477	4.744
Palladium	Pd	11,99	1.555	2.960
Platin	Pt	21,45	1.768	3.827
Silber	Ag	10,49	962	2.210
Silizium	Si	2,34	1.410	3.260
Tantal	Ta	16,65	3.017	5.420
Titan	Ti	4,50	1.668	3.260
Vanadium	V	6,11	1.910	3.407
Wismut	Bi	9,78	271	1.560
Wolfram	W	19,30	3.422	5.930
Zink	Zn	7,14	420	907
Zinn	Sn	7,30	232	2.603
Zirkonium	Zr	6,50	1.857	4.377

BEZUGSQUELLEN

DEUTSCHLAND

Bachmann Kunststoff Technologien GmbH
Rudolf-Diesel-Straße 2
63322 Rödermark
Tel. +49 (0) 6074 / 94394
info@elforyn.de
www.elforyn.de

Joes Messershop
Sauerlandstraße 5
45889 Gelsenkirchen
Tel. +49 (0) 209 / 97761059
service@joes-messershop.de
www.joes-messershop.de

Messer Depot
Lindenbaumstraße 26
42659 Solingen
Tel. +49 (0) 212 / 5991262
info@messerdepot.de
www.messerdepot.de

Messer Werk Damaszenerschmiede
Distler & Pichler GbR
Am Hofbichl 9
83229 Aschau im Chiemgau
Tel. +49 (0) 8052 / 9571234
info@messer-werk.de
www.messer-werk.de

Nordisches Handwerk e.K.
Inh. Janet Fischer
Carl-Gauß-Straße 3 b
23562 Lübeck
Tel. +49 (0) 451 / 6933296-0
kontakt@nordisches-handwerk.de
www.nordisches-handwerk.de

Rickert Werkzeuge
Neunkirchener Straße 56
91207 Lauf an der Pegnitz
Tel. +49 (0) 9123/990973
info@rickert-werkzeug.de
www.rickert-werkzeug.de

Schmiedeglut
Grebenhainer Str. 3
36355 Grebenhain
post@schmiedeglut.de
www.schmiedeglut.de

Wolfknives
Feines Werkzeug & Handwerk
Semptwiesen 1
84174 Eching
Tel. +49 (0) 8709 / 928585-0
info@wolfknives.de
www.feines-werkzeug.de

Zuschnittholz24
Burgviertel 12
64385 Reichelsheim
Tel. +49 (0) 6164 / 2910
drechselarbeiten-kessler@t-online.de
www.zuschnittholz24.de

ÖSTERREICH

Messermacher Kappeller GmbH
Gniglerstraße 65
A-5020 Salzburg
+43 (0) 699-11806866
office@messermacher.at
www.messermacher.at

NOTIZEN ZU EIGENEN PROJEKTEN

EBENFALLS IM WIELAND VERLAG ERSCHIENEN

Daniel Johnson

SCHMIEDEN FÜR EINSTEIGER
Materialien, Werkzeuge, Techniken und einfache Projekte

Aus einem Stück Stahl mit dem Schmiedehammer einen ästhetischen oder praktischen Gegenstand zu formen, ist immer wieder ein Erlebnis. In diesem Buch erfahren Sie alles Wichtige zu Materialien, Ausrüstung, Werkzeugen und Schmiedetechniken. Schritt-für-Schritt-Anleitungen führen Sie durch die Herstellung von sieben Objekten, von einem einfachen Metallstempel bis hin zu Werkzeugen wie einer Flachzange und einem Gebrauchsmesser mit geschnitztem Ledergriff. So wird jeder Einsteiger in das Thema eingeführt und kann erste Projekte in Angriff nehmen, auch ganz ohne Vorkenntnisse und handwerkliche Erfahrungen.

Hardcover, 210 x 260 mm,
132 Seiten, ca. 370 Abbildungen
ISBN: 9-783-948264-26-0
EUR 29,90

EBENFALLS IM WIELAND VERLAG ERSCHIENEN

Lars Ohm

MESSERBAUEN FÜR EINSTEIGER

Der leichte Einstieg ins Hobby Messermachen: Wir nehmen eine gekaufte Klinge und montieren daran einen selbst gemachten Griff. Damit erspart man sich die Mühen und Schwierigkeiten, die mit der Anfertigung einer eigenen Klinge verbunden sind. Dieses kleine Buch zeigt, wie es geht. Außerdem vermittelt es Ihnen viel Wissenswertes zum Thema Messer und seiner Konstruktion in Abhängigkeit von der Anwendung. Zudem zeigt Ihnen der Autor, wie man eine passende Lederscheide für das eigene Messer macht – in drei verschiedenen Versionen.
Sie brauchen keine Vorkenntnisse und nur eine ganz einfache Werkzeugausstattung, um Ihr erstes eigenes Messer zu bauen.

Softcover, 64 Seiten
135 x 195 mm
ISBN 978-3-938711-76-7
EUR 7,95

KAPITEL 1

EINLEITUNG

Wie ich dazu kam, Messer zu machen

KAPITEL 6

KLINGENSTÄHLE

Eine Frage der Philosophie